HEINRICH BURKHARDT

FUNKTIONENTHEORETISCHE VORLESUNGEN

NEU HERAUSGEGEBEN
VON
DR. GEORG FABER
ORD. PROF. AN DER TECHN.
HOCHSCHULE ZU MÜNCHEN

ERSTEN BANDES ERSTES HEFT

ALGEBRAISCHE ANALYSIS

BERLIN UND LEIPZIG 1920
VEREINIGUNG WISSENSCHAFTLICHER VERLEGER
WALTER DE GRUYTER & CO.
VORMALS G. J. GÖSCHEN'SCHE VERLAGSHANDLUNG :: J. GUTTENTAG, VERLAGSBUCHHANDLUNG :: GEORG REIMER :: KARL J. TRÜBNER :: VEIT & COMP.

HEINRICH BURKHARDT

ALGEBRAISCHE ANALYSIS

DRITTE UMGEARBEITETE AUFLAGE

BESORGT VON
DR. GEORG FABER
ORD. PROF. AN DER TECHN.
HOCHSCHULE ZU MÜNCHEN

BERLIN UND LEIPZIG 1920
VEREINIGUNG WISSENSCHAFTLICHER VERLEGER
WALTER DE GRUYTER & CO.
VORMALS G. J. GÖSCHEN'SCHE VERLAGSHANDLUNG :: J. GUTTENTAG, VERLAGSBUCHHANDLUNG :: GEORG REIMER :: KARL J. TRÜBNER :: VEIT & COMP.

Druck von Metzger & Wittig in Leipzig.

Vorwort.

Heinrich Burkhardt, der Verfasser dieses Werkes, ist am 2. November 1914, kaum 53 Jahre alt, gestorben. Kein Mathematiker war der Wissenschaft mit größerer Hingabe zugetan als er; alles, was Mathematik hieß, war seiner Liebe und seines Fleißes sicher. Seine unermeßliche Belesenheit blieb kein totes Wissen; das bezeugen nicht zuletzt seine funktionentheoretischen Vorlesungen, deren ersten Bandes erstes Heft hiermit in dritter Auflage erscheint.

Nachdem Burkhardts Lehrstuhl mir übertragen worden war, wünschte der Verlag auch die neuen Auflagen dieser Vorlesungen in meine Hände zu legen. Ich fühle mich von meiner Studentenzeit her den Burkhardtschen Büchern zu Danke verpflichtet und entzog mich daher nicht der Aufgabe, das meine zu tun, um über den allzufrühen Tod des Verfassers hinaus sein Werk am Leben zu erhalten.

Die Abgrenzung und Einteilung des Stoffes der Algebraischen Analysis sind in der Hauptsache die nämlichen geblieben wie bei den zwei ersten von Burkhardt selbst besorgten Auflagen. Der Burkhardtschen Algebraischen Analysis war gegenüber anderen den gleichen Gegenstand behandelnden Werken eigentümlich, daß sie nicht nur für die Differential- und Integralrechnung sowie für die Funktionentheorie die nötigen Grundlagen lieferte, sondern gleichzeitig zeigte, wie unentbehrlich das kunstvolle Zahlgebäude der Analysis auch für die Analytische Geometrie ist. Ich bin auf diese Frage mit noch stärkerer Betonung eingegangen. Auch sonst habe ich an zahlreichen Stellen durch ausführlichere Darstellung und durch Ergänzungen das Verständnis zu erleichtern versucht, ohne hoffentlich in den von Burkhardt mit kluger Absicht vermiedenen Fehler zu verfallen, den Leser gleich von Anfang an durch allzubreite Darstellung von Dingen zu ermüden, die ihm durch lange Übung geläufig sind, aber vielleicht bisher der folgerichtigen Ordnung für ihn ermangelten. Meine Absicht, den Umfang dieses Teilbandes durch die Umarbeitung nicht zu vergrößern, konnte ich dadurch erreichen, daß ich einiges ganz wegließ, was meiner Meinung nach teils zur Algebra, teils zur höheren Analysis gehört und mit den Mitteln der algebraischen Analysis doch nur unvollständig behandelt werden kann. Die Beschränkung auf reelle Zahlen habe ich beibehalten, sie ist durch die Anlage des ganzen Werkes bedingt; das Imaginäre kommt im zweiten Teilband reichlich zu seinem Recht.

Herrn Dr. MAX FREIHERR v. PIDOLL, der eine Korrektur gelesen hat, danke ich vielmals für seine freundliche Mithilfe.

Dem Leser möchte ich noch zweierlei anraten: erstens, sich von dem Verlaufe der in diesem Buche vorkommenden Funktionen (x^n, e^x, $\log x$, $\sin x$ usw.) durch graphische Darstellung ein Bild zu machen; zweitens, die drei klassischen Werke der Algebraischen Analysis gelegentlich zur Hand zu nehmen, nämlich EULERS Introductio in analysin infinitorum, CAUCHYS Analyse algébrique und ABELS Untersuchungen über die Reihe

$$1 + \frac{m}{1} x + \frac{m(m-1)}{1 \cdot 2} x^2 + \ldots$$

BURKHARDT hat die Vorrede zur ersten Auflage mit folgenden Worten geschlossen: „Zum Schluß möchte ich zur Vermeidung von Mißverständnissen nicht unterlassen zu bemerken, daß ich das Studium eines Buches wie das vorliegende erst dann für zweckmäßig halte, wenn durch eine vorausgehende Beschäftigung mit den Elementen der Infinitesimalrechnung das Bedürfnis nach einer arithmetischen Begründung geweckt ist.“ Ich möchte die Einladung zum Studium des Büchleins weiter ergehen lassen, insbesondere auch an mathematisch begabte Schüler der oberen Klassen der Gymnasien, Realgymnasien und Oberrealschulen. Die Mehrzahl der Leser wird zweifellos nach wie vor aus Studierenden der Mathematik bestehen; aber auch Mathematiklehrer, die ein Bedürfnis fühlen, ihre Kenntnisse aufzufrischen, seien als Leser willkommen. Denn das ist sicher: was die Irrationalzahlen sind und wie man mit ihnen rechnet, was das Zeichen a^x für beliebige reelle x und positive a bedeutet, was man unter der Konvergenz einer Reihe versteht, das muß heutzutage jeder ganz genau wissen, der Schüler in Mathematik unterrichten will, gleichviel, ob er diese Kenntnisse durch eine Vorlesung (wofür nicht immer und überall gesorgt ist) oder durch ein Buch, ob er sie in jungen Semestern (was mir ratsam erscheint) oder im zehnten oder noch später erworben hat.

München, Februar 1920.

Georg Faber.

Inhalt.

Einleitung.

Erster Abschnitt.

Das Rechnen mit positiven ganzen Zahlen.

Zweiter Abschnitt.

Die Null und die negativen Zahlen. Die Brüche.

Dritter Abschnitt.

Definition der irrationalen Zahlen. Addition und Subtraktion irrationaler Zahlen.

Vierter Abschnitt.

Der Begriff des Grenzwerts. Multiplikation und Division irrationaler Zahlen.

Fünfter Abschnitt.

Potenzen, Wurzeln, Logarithmen.

Sechster Abschnitt.

Unendliche Reihen.

Siebenter Abschnitt.

Stetige Funktionen.

Achter Abschnitt.

Die binomische Reihe. Die Potenzreihen für den Logarithmus und die Exponentialfunktion.

Neunter Abschnitt.

Die trigonometrischen Funktionen.

Zehnter Abschnitt.

Allgemeine Sätze über Potenzreihen.

Berichtigungen.

S. 3, Z. 1 lies **Maßzahl** statt **Maßstab.**
S. 3, Z. 18 lies **dem** statt **vom.**

EINLEITUNG.

Aufgaben der algebraischen Analysis.

Die Größen, mit denen die Mathematik sich beschäftigt, sind von zweierlei Art: die einen sind unbeschränkt teilbar, die andern nicht. Als Repräsentanten der Größen der letzteren Art dienen uns die *ganzen Zahlen*; Größen der ersteren Art sind beispielsweise die *geometrischen Größen* (Strecken, Winkel, Flächenräume usw.). Gemeinsam ist beiden Arten von Größen, daß sie *Verknüpfungen* (Addition, Subtraktion, . . .; geometrische Konstruktionen) zulassen, vermöge deren aus gegebenen Größen nach bestimmten Regeln andere abgeleitet werden können; ferner daß diese Verknüpfungen ihrerseits bestimmten Gesetzen unterworfen sind, nach denen man dasselbe Ergebnis erhält, wenn man gewisse Verknüpfungen in bestimmter Reihenfolge nacheinander vornimmt, wie wenn man gewisse andere Verknüpfungen ebenfalls in bestimmter Reihenfolge ausführt. So ist z. B.

$$a(b + c) = ab + ac,$$

d. h. man erhält dasselbe Ergebnis, ob man zuerst die ganzen Zahlen b und c addiert und dann mit a multipliziert, oder ob man erst a mit b multipliziert, dann a mit c, schließlich die beiden Produkte addiert. Ebenso wird derselbe Punkt erhalten, ob man den Schnittpunkt zweier Höhen eines Dreiecks bestimmt, oder den Schnittpunkt der einen oder der andern von diesen mit der dritten.

Man findet ferner, daß es Verknüpfungen geometrischer Größen gibt, die mit den einfachsten Verknüpfungen ganzer Zahlen die wesentlichsten Eigenschaften gemein haben. Z. B. hat die Aneinanderreihung zweier Strecken derselben Geraden (so daß der Anfangspunkt der zweiten Strecke mit dem Endpunkt der ersten zusammenfällt) die Eigenschaften der Addition der Zahlen; ebenso hat die Bildung des Rechtecks aus zwei gegebenen Strecken als Seiten die Eigenschaften der Multiplikation der Zahlen. Es liegt daher nahe, das einfache und übersichtliche Zeichensystem, das wir zur Darstellung der ganzen Zahlen und der mit ihnen vorzunehmenden Verknüpfungen (+, —, ., :) besitzen, auch für die geometrischen Größen und ihre entsprechenden Verknüpfungen zu verwenden. Aber man erkennt bald, daß jenes Zeichensystem zu diesem Zwecke nicht ausreicht, eben wegen der unbegrenzten Teilbarkeit der geometrischen Größen: es stellt sich daher als erforderlich heraus, neben den Zeichen der ganzen Zahlen noch andere Zeichen einzuführen und diese denselben Rechnungsoperationen wie die ganzen Zahlen zu unterwerfen. Man drückt das so aus, daß man sagt: man *erweitert das Zahlensystem*, indem man neben den ganzen Zahlen noch andere Zahlengattungen: negative, gebrochene, irrationale, schließlich auch imaginäre Zahlen einführt. Das Recht zu einem solchen Verfahren könnte man daraus herleiten, daß die Geometrie die Möglichkeit solcher Größen und die Übereinstimmung der Gesetze ihrer Verknüpfungen mit den entsprechenden Gesetzen der Arithmetik lehrt. Indessen stellen sich der folgerechten Durchführung eines solchen Gedankenganges doch Schwierigkeiten entgegen, von denen hier nur die zwei wesentlichsten bezeichnet seien: Einmal müßten wir, wenn wir uns für die Einführung neuer Größenklassen in die Arithmetik auf die Geometrie berufen wollten, von jeder neueinzuführenden Größenklasse erst eine geometrische Konstruktion angeben; z. B. erst die Konstruktion von Quadratwurzeln mittels des Zirkels postulieren, dann die von Kubikwurzeln vermittelst eines anderen geeigneten Verfahrens usw. Andererseits: die geometrischen Sätze beruhen auf den Axiomen und Postulaten; diese wieder entnehmen wir aus unserer Raumanschauung. Unsere Raumanschauung aber ist wesentlich ungenau; es bleibt immer die Frage, inwiefern wir den idealen Gebilden der Geometrie diejenigen Eigenschaften genau zuschreiben dürfen, die wir an den Gegenständen unserer Erfahrung als näherungsweise richtig erkennen.

Wie dem auch sei, jedenfalls ist eine solche Entwicklung, welche die Geometrie an die Spitze stellen und die Gesetze der Analysis aus ihr ableiten würde, bis jetzt nicht folgerichtig und vollständig durchgeführt worden. Dagegen ist es in der Tat möglich, die Erweiterungen des Zahlensystems, um die es sich handelt, rein arithmetisch zu definieren und die Regeln des Rechnens mit ihnen ebenfalls arithmetisch zu begründen. Tut man das, so muß man nachher bei der rechnerischen Behandlung der Geometrie als ein geometrisches Postulat — und zwar als ein grundlegendes — den Satz ansehen, daß *auf irgendeiner Geraden g nach willkürlicher Wahl eines Anfangspunktes A und einer Einheitsstrecke AE jeder Strecke AP eine Zahl als Maßstab entspricht und daß umgekehrt von A aus nach beiden Seiten hin Strecken mit vorgeschriebener Maßzahl eindeutig abgetragen werden können.* Für das Messen und Abtragen von Strecken, deren einer Endpunkt ein von A verschiedener Punkt B der Geraden g ist, ebenso für das Messen von Winkeln und Flächen bedarf es dann keines weiteren Postulats, sondern nur noch geeigneter Definitionen. Mit dieser Forderung einer arithmetischen Behandlung der Geometrie stellen wir uns von vornherein in Gegensatz zu der antiken Auffassung, die in den Elementen des Euklid ihren klassischen Ausdruck fand. Dort wird rein geometrisch vorgegangen. ein arithmetisch-geometrisches Postulat wie das soeben aufgestellte liegt der Euklidschen Geometrie fern. Freilich sind die geometrischen Überlegungen, die Euklid anstellt (insbesondere in seiner Theorie der Verhältnisse) häufig nur im Gewande verschieden von unseren arithmetischen. Im Besitze eines äußerst schmiegsamen Zahlensystems, wie es den Alten nicht zur Verfügung stand, sind wir durch unseren Bildungsgang von klein auf und durch unsere tägliche Gewohnheit alle möglichen Größen durch Zahlen zu messen, vom Standpunkt Euklids entfremdet und empfinden das aufgestellte arithmetisch-geometrische Postulat als etwas Natürliches und Selbstverständliches. Praktisch hat unser Vorgehen den großen Vorteil, daß die einmalige Bereitstellung des Zahlensystems mit seinen Rechenregeln nicht nur gleichsam wie ein Gerüst den Aufbau der Geometrie erleichtert, sondern daß damit zugleich die Grundlage für jede rechnende Naturwissenschaft (z. B. Astronomie, theoretische Physik) geschaffen wird. Rein logisch wäre es zwar nicht undenkbar, geometrisch statt arithmetisch vorzugehen, etwa durch Strecken statt durch Zahlen zu messen und zu konstruieren statt zu rechnen; tatsächlich verfährt man auch manchmal so, z. B. in der graphischen Statik. Aber da die geometrischen Konstruktionen stets von beschränkter Genauigkeit sind, während die Rechnung eine unendliche Verfeinerung gestattet, wird der arithmetischen Behandlung meist der Vorzug vor der geometrischen gegeben, und auch diese ist selten eine rein geometrische, sondern meist eine gemischt arithmetisch-geometrische.

Nach diesen Vorbemerkungen bezeichnen wir als eine Hauptaufgabe der algebraischen Analysis: die systematische Begründung des Rechnens mit denjenigen Zahlen, deren Einführung in die Analysis durch die Bedürfnisse der Geometrie gefordert wird. An diese Aufgabe schließt sich eine zweite, nämlich: Vorschriften zur Berechnung derjenigen Größen zu geben, die, wie die Logarithmen und die trigonometrischen Funktionen, in den Elementen der Mathematik schon definiert werden. Die Lösung dieser zweiten Aufgabe hängt enge mit der ersten zusammen. Denn einerseits würden wir bei ihrer Behandlung mit jedem Schritt auf Schwierigkeiten stoßen, wenn wir nicht mit den allgemeinen Gesetzen des Rechnens vorher vollständig ins klare gekommen wären; andererseits wird uns die zweite Aufgabe geeignete Beispiele für die allgemeine Theorie liefern, die ohne solche Beispiele leicht zwecklos und unfruchtbar erscheinen könnte.

ERSTER ABSCHNITT.

Das Rechnen mit positiven ganzen Zahlen.

§ 1. Die positiven ganzen Zahlen.

Wir überlassen der Erkenntnistheorie und der Psychologie die Untersuchung darüber, wie man zu den Begriffen des Zählens und der Anzahl gelangt und betrachten die positiven ganzen, oder, wie man sie wohl auch nennt, die natürlichen Zahlen:

1) $$1, 2, 3, 4, \ldots$$

als gegeben; sie sind für uns Zeichen für alle denkbaren Anzahlen. Auch setzen wir den Gebrauch als bekannt voraus, eine unbestimmte Zahl durch einen Buchstaben zu bezeichnen; bis auf weiteres soll aber ein Buchstabe immer nur eine solche positive ganze Zahl bedeuten; und es soll überhaupt der Name „Zahl" zunächst nur von diesen Zahlen gebraucht werden.

Für die natürlichen Zahlen werden wir häufig noch andere Zeichen als die unter (1) erwähnten benutzen, z. B. an Stelle von 2 die Zeichen $1 + 1$ oder $^6/_3$. Wir nennen zwei Zeichen a, b, welche die nämliche Zahl darstellen, einander gleich und schreiben: $a = b$. Eine Zahl a, die in der Reihe (1) weiter rechts vorkommt als eine andere b, heißt größer als b; b heißt dann kleiner als a, in Zeichen: $a > b$, $b < a$. Die folgenden fünf Sätze sind unmittelbare Folgen dieser Definitionen.

I. Wenn $a = b$ und $b = c$ ist, so ist $a = c$. Es ist $a = a$; wenn $a = b$, so ist $b = a$.

II. Wenn $a > b$ ist, so ist $b < a$ und umgekehrt.

III. Zwischen irgend zwei Zahlen a und b besteht immer eine und nur eine der drei Beziehungen:

$$a < b, \quad a = b, \quad a > b.$$

IV. Wenn $a < b$ und $b < c$ ist, so ist auch $a < c$; ebenso wenn $a < b$ und $b = c$, oder wenn $a = b$ und $b < c$ ist.

V. Wenn $a > b$ und $b > c$ ist, so ist auch $a > c$; ebenso wenn $a > b$ und $b = c$, oder wenn $a = b$ und $b > c$ ist.

Für die natürlichen Zahlen existieren gewisse Verknüpfungen oder Rechnungsoperationen (Addition, Subtraktion usw.), vermöge deren aus je zwei solchen Zahlen eine dritte abgeleitet wird; und es gibt Gesetze, nach denen zwei verschiedene Folgen von nacheinander vorgeommenen Verknüpfungen zu demselben Ergebnis führen. Diese Gesetze können wir aber noch in zwei große Klassen teilen: in *fundamentale* und *abgeleitete*. Beim Beweis der ersteren gehen wir aus von der realen Bedeutung der Operationen, dem wirklichen Abzählen gegebener Dinge; beim Beweis der letzteren rekurrieren wir auf diese reale Bedeutung nicht mehr, sondern stützen uns auf die vorher schon bewiesenen fundamentalen Gesetze, indem wir aus ihnen nach den Gesetzen der Logik Folgerungen ziehen. Soll z. B. der Satz $a + b = b + a$ bewiesen werden, so sagt man etwa: man legt a Dinge hin, daneben b Dinge; und nun ist es gleichgültig, in welcher Reihenfolge man die vorhandenen Dinge abzählt. In ähnlicher Weise wird der Satz $(a + b) + c = a + (b + c)$ bewiesen. Dagegen kann z. B der in der Gleichung $a + (b + c) = c + (b + a)$ enthaltene Satz folgendermaßen mit Hilfe der beiden ebengenannten abgeleitet werden:

$$a + (b + c) = (b + c) + a = (c + b) + a = c + (b + a).$$

Man sieht, daß die Beweise der ersteren Art nur für positive ganze Zahlen gelten und sich auf andere Zahlengattungen nicht (z. B. auf die später einzuführenden negativen und gebrochenen Zahlen) übertragen lassen. Die Beweise der letzteren Art dagegen sind ganz unabhängig von der Bedeutung der Zeichen und lassen sich auf alle diejenigen Fälle ohne weiteres übertragen, in denen die bei ihnen benutzten Sätze gelten.

Diese Unterscheidung der für das Rechnen mit ganzen Zahlen geltenden Sätze in fundamentale und abgeleitete hat für unsere weiteren Untersuchungen eine wichtige Folge: Wenn wir nacheinander verschiedene neue Arten von „Zahlen“ einführen und für jede dieser Arten gewisse Operationen definieren, die wir dann ebenfalls mit den Namen Addition, Subtraktion usw. bezeichnen, so wird es unsere Aufgabe sein, darzutun, daß diese Operationen denselben Gesetzen gehorchen, wie die Operationen mit ganzen Zahlen, denen diese Namen ursprünglich zukommen. Wenn das mit jedem einzelnen Gesetze besonders geschehen müßte, wäre es eine sehr umständliche Sache; aber glücklicherweise reicht es aus, diesen Beweis nur für die fundamentalen Gesetze zu führen. Sobald bewiesen ist, daß diese bestehen bleiben, kann sofort geschlossen werden, daß das gleiche auch für die abgeleiteten Gesetze gilt; die im Gebiete der ganzen Zahlen für diese letzteren geführten Beweise bleiben Wort für Wort auch in dem erweiterten Gebiete anwendbar, da sie ja auf die Bedeutungen der Zahlen gar nicht mehr zurückgreifen, sondern nur auf den vorher schon bewiesenen Eigenschaften der Operationen beruhen.

Für die später neu einzuführenden Zahlen werden wir auch die durch die Zeichen $>$, $=$, $<$ ausgedrückten Beziehungen so zu definieren haben, daß die obigen Sätze I bis V in Geltung bleiben.

§ 2. Die Addition.

Die erste Operation der Arithmetik ist die Addition. Sie gestattet, aus zwei Zahlen, den *Summanden* a, b eine dritte, die mit $a + b$ bezeichnet und die *Summe* von a und b genannt wird, nach folgender Vorschrift abzuleiten: $a + 1$ ist die in der Anordnung § 1 (1) rechts auf a folgende Zahl: $a + 2$ ist die auf $a + 1$ folgende Zahl, also $a + 2 = (a + 1) + 1$, ferner $a + 3 = (a + 2) + 1$, $a + 4 = (a + 3) + 1$ usw.

Die fundamentalen Eigenschaften der Addition sind:

I. ihre *unbeschränkte Ausführbarkeit*, d. h. es gibt in jedem Falle eine Zahl, die als Summe von a und b bezeichnet werden kann;

II. ihre *Eindeutigkeit*, d. h. es gibt nur eine Zahl, die als Summe von a und b bezeichnet werden kann;

III. ihre *Assoziativität*, d. h. es ist:

$$(a + b) + c = a + (b + c);$$

IV. ihre *Kommutativität*, d. h. es ist:

$$a + b = b + a;$$

V. ihre *Monotonie*, d. h. aus $a > b$ folgt $a + c > b + c$, was auch c sein mag.

Wenn wir die Eigenschaften III und IV aus der Anschauung des Zusammenzählens gegebener Dinge ableiten (s. S. 5) und sie deshalb als fundamentale bezeichnen, und nicht durch logische Schlüsse beweisen, so soll damit der Frage noch nicht vorgegriffen sein, ob es nicht möglich ist, sie auf noch einfachere Anschauungselemente zurückzuführen.

Aus diesen fundamentalen Gesetzen ergeben sich dann die übrigen Regeln des Addierens; namentlich der allgemeine Satz, daß man in einer Summe beliebig vieler Glieder die einzelnen Summanden in beliebiger Auswahl und Reihenfolge zu Teilsummen zusammenfassen darf.

Um z. B. zu beweisen, daß

$$\{[(a+b)+c]+d\}+e=(c+e)+[(d+a)+b]$$

ist, schließt man so:

$$\begin{aligned}\{[(a+b)+c]+d\}+e &= \{(a+b)+(c+d)\}+e && \text{(nach III)}\\ &= (a+b)+[(c+d)+e] && \text{(nach III)}\\ &= (a+b)+[e+(c+d)] && \text{(nach IV)}\\ &= (a+b)+[(e+c)+d] && \text{(nach III)}\\ &= [(c+e)+d]+(a+b) && \text{(nach IV)}\\ &= (c+e)+[d+(a+b)] && \text{(nach III)}\\ &= (c+e)+[(d+a)+b] && \text{(nach III)}.\end{aligned}$$

§ 3. Die Subtraktion.

Die Differenz $a-b$ *ist definiert als diejenige ganze Zahl* c, *die zu* b *addiert* a *wieder ergibt;* also durch die Gleichung:

1) $$b+(a-b)=a,$$

wofür wegen der Kommutativität der Addition auch geschrieben werden darf:

1') $$(a-b)+b=a.$$

Die Subtraktion ist hiernach durch Definition auf die vorher bereits eingeführte Operation der Addition zurückgeführt. Zur Ableitung ihrer Eigenschaften ist es daher nicht nötig, auf die Anschauung zurückzugehen; diese müssen sich vielmehr auf logischem Wege aus den Regeln der Addition ableiten lassen. Sie sind also alle nicht als fundamentale, sondern als abgeleitete Gesetze zu betrachten. Auf folgende sei besonders hingewiesen:

I. Die Subtraktion ist (im Gebiet der positiven ganzen Zahlen, mit dem wir gegenwärtig allein zu tun haben) *nicht unter allen*

Umständen ausführbar; nämlich nur dann (dann aber auch immer), wenn $a > b$ ist.

II. Wenn sie ausführbar ist, ist ihr Resultat *eindeutig bestimmt;* d. h. es gibt nicht zwei verschiedene Zahlen, die zu b addiert a geben. Das kann durch „indirekten Beweis" gezeigt werden, der überhaupt nicht entbehrt werden kann, wenn es sich um Operationen handelt, die nur als Umkehrungen anderer Operationen definiert sind. Wären nämlich die beiden Zahlen verschieden, so wäre eine von ihnen größer als die andere. Nennen wir jene c_1, diese c_2, so würde aus $c_1 > c_2$ nach § 2, V folgen $b + c_1 > b + c_2$. Dann könnten aber nach § 1, I, III nicht beide gleich a sein; w. z. b. w.

III. Es ist:

2) $$(a + b) - b = a.$$

Denn $(a + b) - b$ ist nach Definition diejenige ganze Zahl c, die, zu b addiert, $a + b$ ergibt. Aber aus $a + b = c + b$ folgt $a = c$ nach § 2, V; denn wäre $a > c$, so wäre auch $a + b > c + b$; und wäre $a < c$, so wäre auch $a + b < c + b$.

IV. Additionen und Subtraktionen sind untereinander *kommutativ* und *assoziativ*; nur muß man beim Setzen oder Weglassen einer Klammer, vor der das Minuszeichen steht, in der Klammer die Vorzeichen ändern. M. a. W. es ist:

3) $$\begin{aligned}(a + b) - c &= a + (b - c) = (a - c) + b = a - (c - b)\\ &= (b + a) - c = b + (a - c) = (b - c) + a = b - (c - a)\end{aligned}$$

und

4) $$(a - b) - c = a - (b + c) = (a - c) - b = a - (c + b).$$

Z. B. wird die Gleichheit des ersten und letzten Gliedes von (3) folgendermaßen bewiesen: sei $(a + b) - c = d$, so ist d diejenige Zahl, für die $d + c = a + b$ ist. Ist andererseits $b - (c - a) = e$, so folgt:

$$b = e + (c - a),$$

also

$$a + b = a + [e + (c - a)] = [a + (c - a)] + e,$$

und das ist nach (1):

$$= c + e.$$

Vorhin war bewiesen, daß $d + c = a + b$ ist. Also folgt: $e + c = d + c$ und daher nach § 2, V: $e = d$, w. z. b. w.

Die Gleichheit des ersten und zweiten Gliedes von (3), d. h. die Gleichung

5) $$(a + b) - c = a + (b - c)$$

beweist man so: Bezeichnet man wieder die linke Seite von (5) mit d, die rechte mit f, so ist einerseits nach (1):

$$d + c = a + b,$$

andrerseits nach § 2, III:

$$\begin{aligned} f + c &= a + [(b - c) + c] \\ &= a + b \text{ [nach (1')]}, \end{aligned}$$

also $d + c = f + c$, somit nach § 2, V: $d = f$, w. z. b. w.

In ähnlicher Weise sind die übrigen Gleichungen (3) und (4) zu beweisen. Voraussetzung dieser Beweise ist hier übrigens, daß alle vorkommenden Subtraktionen ausführbar sind.

V. Die Subtraktion ist *monoton* in dem Sinne, daß aus

$$b > c$$

folgt:

$$b - a > c - a,$$

dagegen:

$$e - b < e - c.$$

Eine Verbindung mehrerer Zahlen durch Additionen oder Subtraktionen nennt man ein *Aggregat*. Die Regeln für die Umformung eines solchen durch Setzen und Weglassen von Klammern, sowie durch andere Anordnung der Terme ergeben sich durch wiederholte Anwendung des Satzes IV; wir setzen sie hier als bekannt voraus.

Um uns später darauf berufen zu können, stellen wir hier noch folgende Formeln über Differenzen zusammen:

VI. $(a + b) - (a + c) = b - c, \quad (b - d) - (c - d) = b - c.$

VII.
$$\begin{aligned} a - b &> c - d, \quad \text{falls} \quad a + d > b + c, \\ a - b &= c - d, \quad \text{,,} \quad a + d = b + c, \\ a - b &< c - d, \quad \text{,,} \quad a + d < b + c. \end{aligned}$$

VIII. $(a - b) + (c - d) = (a + c) - (b + d).$

IX. $(a - b) - (c - d) = (a + d) - (b + c).$

Wir geben als Beispiel den Beweis von IX und überlassen die übrigen Beweise dem Leser.

Wäre IX falsch und etwa, um eine Festsetzung zu treffen,

6) $(a + d) - (b + c) > (a - b) - (c - d),$

so wäre wegen der Monotonie der Addition (§ 2, V) auch

$$(b + c) + [(a + d) - (b + c)] > (b + c) + [(a - b) - (c - d)];$$

benutzt man hier für die linke Seite Gleichung (1) und für die rechte Gleichung (5), so ergibt sich weiter

$$a + d > [(b + c) + (a - b)] - (c - d),$$

d. h. nach § 2, III und IV:

$$a + d > [c + \{b + (a - b)\}] - (c - d),$$

mithin nach (1) und § 2, IV:

$$a + d > (a + c) - (c - d)$$

oder nach (5)

$$a + d > a + [c - (c - d)],$$

$$a + d > a + d;$$

die Annahme (6) führt somit auf einen Widerspruch.

§ 4. Die Multiplikation.

Die Operation der Multiplikation wird auf die der Addition zurückgeführt durch die Definition:

Unter dem n-fachen von a versteht man eine Summe von n Summanden, deren jeder gleich a ist:

1) $$\overset{1}{a} + \overset{2}{a} + \overset{3}{a} + \ldots + \overset{n-1}{a} + \overset{n}{a} = n\,a.$$

Diese für $n > 1$ gültige Definition wird ergänzt durch die Festsetzung:

$$1\,a = a.$$

Die fundamentalen Eigenschaften der Multiplikation sind:

I. ihre *unbeschränkte Ausführbarkeit*, die aus der unbeschränkten Ausführbarkeit der Addition folgt;

II. ihre *Eindeutigkeit*, die sich ebenfalls aus der entsprechenden Eigenschaft der Addition ergibt;

III. ihre *Kommutativität:*

$$n\,a = a\,n,$$

die sich daraus ergibt, daß man ein System von n Zeilen zu je a Einheiten auch als ein System von a Kolonnen zu je n Einheiten ansehen kann;

IV. ihre *Assoziativität:*

$$a(b\,c) = (a\,b)\,c,$$

die in gleicher Weise sich aus einer parallelepipedischen Anordnung der Einheiten ergibt, aber auch aus der Definition (1) abgeleitet werden kann;

V. ihre *Monotonie:*

$$\text{aus } a > b \text{ folgt } a\,c > b\,c,$$

die sich wieder aus der entsprechenden Eigenschaft der Addition ergibt.

Wir bringen die Kommutativität schon in der Benennung zum Ausdruck, wenn wir von den beiden Faktoren n und a reden, statt von dem Multiplikator n und dem Multiplikandus a.

Die Eigenschaften I bis V sind der Addition und der Multiplikation gemeinsam. Hat man also z. B. die am Ende von § 2 erwähnte Eigenschaft der Addition durch logische Schlüsse aus den fundamentalen Eigenschaften abgeleitet, so ist damit zugleich der Satz bewiesen, daß man das Ergebnis mehrerer nacheinander auszuführender Multiplikationen, wie z. B.

2) $$\{[(a\,b)\,c]\,d\}\,e$$

unverändert erhält, wenn man die Faktoren a, b, c, d, e in beliebiger Reihenfolge und nach beliebiger Zusammenfassung in Teilprodukte miteinander multipliziert, z. B. $(c\,e)[(d\,a)\,b]$.

Weiter gilt:

VI. Addition und Multiplikation sind miteinander verbunden durch das *Distributionsgesetz:*

3) $$a(b+c) = a\,b + a\,c\,,$$

dessen Beweis sich ergibt, indem man die Summe von $b+c$ Summanden a nach dem Schlußsatz von § 2 in zwei Teilsummen, die eine von b Summanden, die andere von a Summanden zerlegt.

Aus diesen fundamentalen Sätzen ergibt sich dann wieder eine große Menge abgeleiteter durch rein logische Operationen. Insbesondere beweist man indirekt die Regel für die distributive Verbindung von Multiplikation und Subtraktion:

4) $$a(b-c) = a\,b - a\,c$$

und dann die allgemeine Regel für die Multiplikation zweier Aggregate, die man wohl in der Form zu geben pflegt:

plus mal plus gibt plus,
plus mal minus gibt minus,
minus mal plus gibt minus,
minus mal minus gibt plus.

Man beachte aber, daß hier von negativen Zahlen noch nicht die Rede ist.

§ 5. Die Division.

Der Quotient $a:b$ oder $\frac{a}{b}$ (auch wohl a/b) ist definiert als diejenige ganze Zahl, die mit b multipliziert wieder a ergibt:

1) $$b\,.\,(a:b) = a\,,$$

1') $$(a:b)\,.\,b = a\,.$$

Die Division steht demnach zur Multiplikation in derselben Beziehung, wie die Subtraktion zur Addition. Da alle Gesetze der Addition auch für die Multiplikation gelten (vgl. § 4), so folgt, daß auch alle Sätze von § 3 bestehen bleiben, wenn wir überall das Zeichen + durch das Zeichen . und das Zeichen — durch das Zeichen : ersetzen. Ferner erhalten wir — wieder durch indirekten Schluß — aus den Distributionsformeln für die Multiplikation die entsprechenden für die Division:

$$\frac{a \pm b}{c} = \frac{a}{c} \pm \frac{b}{c}$$

(Formeln, wie die eben angeschriebene, in denen doppelte Vorzeichen vorkommen, sind so zu verstehen, daß entweder überall das obere oder überall das untere Vorzeichen gelten soll; das gleiche gilt für die Zeichen $>$, $=$, $<$ in Formeln, wie der unten folgenden II.)

Voraussetzung dieser Beweise ist freilich, daß alle vorkommenden Divisionen ausführbar sind. In dem Gebiete der natürlichen Zahlen, auf das wir uns bis jetzt beschränken, ist eine Division dann und nur dann ausführbar, wenn der Zähler ein ganzzahliges Vielfaches des Nenners ist.

Unter fortdauernder Festhaltung an dieser Voraussetzung beweist man folgende Divisionssätze:

I. $\frac{ac}{bc} = \frac{a}{b}, \quad \frac{a:c}{b:c} = \frac{a}{b}$;

II. $\frac{a}{b} \gtreqless \frac{c}{d}$ je nachdem $ad \gtreqless bc$;

III. $\frac{a}{b} + \frac{c}{d} = \frac{ad + bc}{bd}$;

IV. $\frac{a}{b} - \frac{c}{d} = \frac{ad - bc}{bd}$;

V. $\frac{a}{b} \cdot \frac{c}{d} = \frac{ac}{bd}$, speziell für $d = 1$: $\frac{a}{b} \cdot c = \frac{ac}{b}$;

VI. $\frac{a}{b} : \frac{c}{d} = \frac{ad}{bc}$, speziell $\frac{a}{b} : c = \frac{a}{bc}$.

Wir beweisen beispielsweise III und V und überlassen es dem Leser, nach diesem Muster die übrigen Sätze zu beweisen. Bezeichnen wir die Summe

$$\frac{a}{b} + \frac{c}{d} \text{ kurz mit } s,$$

so folgt aus § 4, VI:

$$(b\,d).s = (b\,d)\frac{a}{b} + (b\,d)\frac{c}{d}$$

$$= \left(b\,\frac{a}{b}\right)d + b\left(d\,\frac{c}{d}\right)$$

(nach § 4, III und IV)

$$= a\,d + b\,c$$ (nach § 5, (1)), w. z. b. w.

Beweis zu V: wäre

$$\frac{a}{b}\cdot\frac{c}{d} \gtrless \frac{a\,c}{b\,d},$$

so wäre auch

$$\left(\frac{a}{b}\cdot\frac{c}{d}\right)(b\,d) \gtrless \left(\frac{a\,c}{b\,d}\right)(b\,d)$$ (§ 4, V),

also

$$\left(\frac{a}{b}\,b\right)\left(\frac{c}{d}\cdot d\right) \gtrless \left(\frac{a\,c}{b\,d}\right)(b\,d)$$ (siehe § 4, (2)),

mithin

$$a\,c \gtrless a\,c$$ (§ 5, (1'))

im Widerspruch mit § 1, I.

Satz VI ist ganz ähnlich zu beweisen; statt dessen können wir uns auch darauf berufen, daß wir Satz IX von § 3 bewiesen haben und daß wir dort überall die Zeichen +, — durch ., : ersetzen dürfen.

§ 6. Gemeinsame Teiler zweier Zahlen.

Wenn die Division von a durch b ausführbar ist, so heißt a durch b teilbar, b ein *Teiler* von a. Dabei gelten die folgenden Sätze:

I. Jede Zahl ist durch sich selbst teilbar.

II. Jede Zahl ist durch 1 teilbar.

III. Ist a durch b und b durch c teilbar, so ist auch a durch c teilbar.

IV. Ist a durch b teilbar und ist c irgendeine dritte Zahl, so ist auch $a\,c$ durch b teilbar.

V. Sind $a_1, a_2, \ldots, a_n$ durch b teilbar und sind $c_1, c_2, \ldots, c_n$ irgendwelche andere Zahlen, so ist auch $a_1 c_1 \pm a_2 c_2 \pm \ldots \pm a_n c_n$ durch b teilbar.

Alle diese Sätze ergeben sich unmittelbar aus den Fundamentalgesetzen der Multiplikation (§ 4).

Wenn irgend zwei voneinander verschiedene Zahlen a, b gegeben sind, so kann man sich die Aufgabe stellen, diejenigen Zahlen zu finden, die gleichzeitig in a und in b aufgehen. Diese Aufgabe kann folgendermaßen gelöst werden. Sei die Bezeichnung so getroffen, daß $a > b$ sei; dann wird die Division von a durch b einen Quotienten q_1 ergeben und einen Rest r_1, der kleiner als b ist. Wir können dann weiter mit r_1 in b dividieren; dann werden wir einen Quotienten q_2 erhalten und einen Rest r_2, der kleiner als r_1 ist. So können wir fortfahren, indem wir jedesmal den Divisor der vorhergehenden Division zum Dividenden und ihren Rest zum Divisor der nächsten nehmen. Auf diese Weise erhalten wir eine Reihe von Gleichungen:

$$\begin{aligned} a &= q_1 b + r_1 \\ b &= q_2 r_1 + r_2 \\ r_1 &= q_3 r_2 + r_3 \\ &\ldots\ldots\ldots \end{aligned}$$

Dieses System von Gleichungen muß aber einmal abbrechen. Denn von den Resten $r_1, r_2, r_3, \ldots$ ist jeder kleiner als der vorhergehende; also muß man schließlich, wenn nicht schon vorher eine Division aufgeht, auf einen Rest 1 kommen, der dann in den vorhergehenden sicher aufgeht. Man erhält also in jedem Fall eine vorletzte Gleichung:

$$r_{n-2} = q_n r_{n-1} + r_n$$

und eine letzte:

$$r_{n-1} = q_{n+1} r_n.$$

Da sonach r_{n-1} durch r_n teilbar ist, so kann man nach V aus der vorletzten Gleichung schließen, daß auch r_{n-2} durch r_n teilbar ist. Dann folgt ebenso aus der drittletzten Gleichung, daß auch r_{n-3} durch r_n teilbar ist usw. Schließlich folgt aus der dritten Gleichung, daß r_1, aus der zweiten, daß b, und aus der ersten, daß a durch r_n teilbar ist. *Also ist r_n gemeinsamer Teiler von a und b.* Andererseits folgt nach V aus der ersten Gleichung, daß *jeder gemeinsame Teiler* von a und b auch ein Teiler von r_1 sein muß; dann ebenso aus der zweiten, daß er auch ein Teiler von r_2 sein muß usw.; schließlich aus der vorletzten, daß er *auch ein Teiler von r_n sein muß.* Man nennt deshalb r_n den *größten gemeinsamen Teiler von a und b.*

Ist der größte gemeinsame Teiler von a und b die Einheit, so heißen a und b zueinander *relativ prim oder teilerfremd.*

Entnimmt man r_{n-1} aus der drittletzten Gleichung

$$r_{n-3} = q_{n-1} r_{n-2} + r_{n-1}$$

und setzt es in die vorletzte ein, so erhält man:

$$r_n = (1 + q_{n-1} q_n) r_{n-2} - q_n r_{n-3}:$$

aus dieser Gleichung und aus der viertletzten:

$$r_{n-4} = q_{n-2} r_{n-3} + r_{n-2}$$

erhält man:

$$r_n = (1 + q_{n-1} q_n) r_{n-4} - (q_{n-2} + q_n + q_{n-2} q_{n-1} q_n) r_{n-3}\,.$$

So fortfahrend erhält man jedesmal r_n dargestellt als „lineare Verbindung" zweier aufeinander folgender Reste und schließlich auch als lineare Verbindung der ursprünglich gegebenen Zahlen a und b selbst. Es gilt also der Satz:

VI. *Ist r_n der größte gemeinsame Teiler zweier Zahlen a, b, so kann man entweder zwei andere Zahlen M, N so bestimmen, daß die Gleichung*

$$Ma - Nb = r_n$$

besteht, oder so, daß die Gleichung:

$$Nb - Ma = r_n$$

besteht.

Sind a, b teilerfremd, so erhält man speziell den Satz:

VIa. *Sind a, b teilerfremd, so kann man entweder zwei Zahlen M, N so bestimmen, daß:*

$$Ma - Nb = 1 \text{ oder so, daß } Nb - Ma = 1 \text{ wird.}$$

Umgekehrt, wenn es möglich ist, zwei solche Zahlen M, N zu finden, müssen a und b teilerfremd sein. Denn jeder gemeinsame Teiler von a und b müßte nach Satz V auch in 1 aufgehen.

Aus diesem Satz kann nun geschlossen werden:

VII. *Wenn a zu b teilerfremd, ac aber durch b teilbar ist, muß c durch b teilbar sein.*

Denn nach Voraussetzung kann man M und N so bestimmen, daß

$$\text{entweder } Ma - Nb = 1 \quad \text{oder} \quad Nb - Ma = 1$$

wird, d. h., daß

$$\text{entweder } Mac - Nbc = c \quad \text{oder} \quad Nbc - Mac = c$$

wird. Hier ist jeder Bestandteil der linken Seite durch b teilbar: Mac nach Voraussetzung und Satz IV, Nbc, weil hier b als Faktor auftritt. Also muß nach V auch c durch b teilbar sein, w. z. b. w.

Als Beispiel für die Rechnungen dieses Paragraphen diene die folgende:

$$\begin{array}{rlll} 243 &= 1\cdot 147 + 96 & \quad 3 &= 45 - 7\cdot 6 \\ 147 &= 1\cdot 96 + 51 & &= 8\cdot 45 - 7\cdot 51 \\ 96 &= 1\cdot 51 + 45 & &= 8\cdot 96 - 15\cdot 51 \\ 51 &= 1\cdot 45 + 6 & &= 23\cdot 96 - 15\cdot 147 \\ 45 &= 7\cdot 6 + 3 & &= 23\cdot 243 - 38\cdot 147 \\ 6 &= 2\cdot 3 & & \end{array}$$

§ 7. Die Potenzierung.

Die Potenz a^m ist definiert als ein Produkt von m Faktoren, deren jeder gleich a ist. Sie steht also zur Multiplikation in derselben Beziehung, wie diese zur Addition. Aus dieser Definition und aus den bewiesenen Multiplikationsgesetzen ergeben sich ohne weiteres die Gesetze des Potenzierens:

I. *unbeschränkte Ausführbarkeit*;

II. *eindeutige Bestimmtheit*;

III. *Monotonie*, d. h. aus $a > b$ folgt $a^m > b^m$ und aus $m > n$, $a > 1$ folgt $a^m > a^n$;

IV. $a^m a^n = a^{m+n}$;

V. $a^m : a^n = a^{m-n} \; (m > n)$.

VI. $(a^m)^n = a^{mn}$;

VII. $(a\,b)^m = a^m \cdot b^m$, $(a:b)^m = a^m : b^m$.

§ 8. Der binomische Satz.

Von den abgeleiteten Sätzen über Potenzen sei hier nur der *binomische Satz*, d. h. die Regel für die Umformung der m^{ten} Potenz eines Binoms $a + b$ in eine Summe von Produkten von Potenzen von a und b ausführlicher erläutert.

Durch direkte Ausführung der Multiplikation erhält man zunächst für die kleinsten Werte von m:

$$1)\quad \begin{cases} a+b = a+b, \\ (a+b)^2 = (a+b)\,(a+b) = a^2 + 2\,a\,b + b^2, \\ (a+b)^3 = (a+b)^2(a+b) = a^3 + 3\,a^2 b + 3\,a\,b^2 + b^3, \\ (a+b)^4 = (a+b)^3(a+b) = a^4 + 4\,a^3 b + 6\,a^2 b^2 + 4\,a\,b^3 + b^4. \end{cases}$$

Danach wird man vermuten, es werde $(a+b)^m$ gleich sein $a^m + b^m$ + einer Summe von Produkten $a^{m-k} b^k$, von der Art, daß jedesmal die Summe der Exponenten gleich m ist; jedes dieser Produkte noch multipliziert mit einem von a und b unabhängigen Zahlenfaktor. Bezeichnen wir diesen Faktor, wie es üblich ist, mit:

$$\binom{m}{k}$$

(m über k), so können wir das vermutete Ergebnis zunächst in der Form ansetzen:

$$2)\quad \begin{aligned} (a+b)^m = a^m + \binom{m}{1} a^{m-1} b + \binom{m}{2} a^{m-2} b^2 + \ldots + \binom{m}{k} a^{m-k} b^k + \ldots \\ + \binom{m}{m-2} a^2 b^{m-2} + \binom{m}{m-1} a\,b^{m-1} + b^m. \end{aligned}$$

Um dieses Resultat zu bestätigen, wenden wir den sog. „Schluß von m auf $m+1$" an. Multiplizieren wir nämlich beiderseits mit $a+b$, so erhalten wir:

$$(a+b)^{m+1} = a^{m+1} + \binom{m}{1} a^m b + \binom{m}{2} a^{m-1} b^2 + \ldots + \binom{m}{k} a^{m-k+1} b^k + \ldots$$
$$+ \binom{m}{m-1} a^2 b^{m-1} + a b^m$$
$$+ a^m b + \binom{m}{1} a^{m-1} b^2 + \ldots + \binom{m}{k-1} a^{m-k+1} b^k + \ldots$$
$$+ \binom{m}{m-2} a^2 b^{m-1} + \binom{m}{m-1} a b^m + b^{m+1},$$

oder wenn wir je zwei Glieder, die dieselben Potenzen von a und b enthalten, vereinigen:

$$3)\quad \begin{cases} (a+b)^{m+1} = a^{m+1} + \left[\binom{m}{1} + 1\right] a^m b + \left[\binom{m}{2} + \binom{m}{1}\right] a^{m-1} b^2 + \ldots \\ \qquad + \left[\binom{m}{k} + \binom{m}{k-1}\right] a^{m+1-k} b^k + \ldots \\ \qquad + \left[\binom{m}{m-1} + \binom{m}{m-2}\right] a^2 b^{m-1} \\ \qquad + \left[\binom{m}{m-1} + 1\right] a b^m + b^{m+1}. \end{cases}$$

Dadurch ist einerseits gezeigt: wenn eine Gleichung von der Form (2) für irgendeinen Wert m des Exponenten besteht, so besteht eine Gleichung von derselben Form auch noch für den um eine Einheit höheren Wert $m+1$ des Exponenten. Nun besteht eine solche Gleichung nach (2) für $m=1$, $m=2$, $m=3$, $m=4$; also besteht sie auch für $m=5$, also auch für $m=6$, ... und überhaupt für jeden Wert von m, w. z. b. w.

Andererseits gibt uns die Gleichung (3) auch die Möglichkeit, die Koeffizienten $\binom{m}{k}$, die *Binomialkoeffizienten*, wie man sie nennt, in rekurrenter Weise zu berechnen. Sie zeigt nämlich, daß:

$$4)\qquad \binom{m+1}{1} = \binom{m}{1} + 1, \qquad \binom{m+1}{m} = \binom{m}{m-1} = 1$$

ist, und daß für $k = 2, 3, \ldots, m-1$ die Gleichung (Rekursionsformel) gilt:

$$5)\qquad \binom{m+1}{k} = \binom{m}{k} + \binom{m}{k-1}.$$

Wir können die aus diesen Gleichungen sich ergebende Rechnungsregel schematisch durch das sog. „*Pascalsche Dreieck*" darstellen:

1
1 1
1 2 1
1 3 3 1
1 4 6 4 1
1 5 10 10 5 1
1 6 15 20 15 6 1
1 7 21 35 35 21 7 1
1 8 28 56 70 56 28 8 1
1 9 36 84 126 126 84 36 9 1
1 10 45 120 210 252 210 120 45 10 1
. . . . (?),

in dem das erste und letze Element jeder Zeile 1 ist, während jedes dazwischen liegende gleich der Summe der beiden darüber stehenden ist. Die Elemente der $(m+1)^{\text{ten}}$ Zeile sind die zum Exponenten m gehörenden Binomialkoeffizienten. Die Tabelle zeigt, daß $\binom{m}{k} = \binom{m}{m-k}$ ist, was sich leicht aus Symmetriegründen erklärt.

Man kann die Binomialkoeffizienten auch noch auf einem ganz andern Wege ermitteln, und zwar independent, d. h. jeden einzelnen gesondert, ohne daß man vorher alle vorhergehenden berechnet zu haben braucht. Man erhält nämlich jedesmal ein Produkt $a^{m-k} b^k$, wenn man aus k der Faktoren $(a+b)$ den Summanden b und aus den $m-k$ andern den Summanden a herausgreift. Man erhält also so viele solche Produkte, als die Zahl beträgt, die angibt, auf wie viele verschiedene Arten man k Dinge aus m Dingen herausgreifen kann. In der Kombinationslehre wird gezeigt, daß diese Zahl den Wert hat:

$$\frac{m!}{k!\,(m-k)!},$$

wenn, wie es üblich ist, mit $m!$ das Produkt aller ganzen Zahlen von 1 bis m bezeichnet wird. Wir wollen uns hier damit begnügen, die Richtigkeit dieses Wertes für den Binomialkoeffizienten $\binom{m}{k}$ durch den Schluß von m auf $m+1$ zu beweisen. Angenommen also, es sei bereits gezeigt, daß:

$$6)\qquad \binom{m}{k} = \frac{m!}{k!\,(m-k)!}, \qquad \binom{m}{k-1} = \frac{m!}{(k-1)!\,(m-k+1)!}$$

so folgt aus (5):

$$\begin{aligned}\binom{m+1}{k} &= \frac{m!}{k!\,(m-k)!} + \frac{m!}{(k-1)!\,(m-k+1)!}\\ &= \frac{m!}{(k-1)!\,k\,(m-k)!} + \frac{m!}{(k-1)!\,(m-k)!\,(m-k+1)}\\ &= \frac{m!}{(k-1)!\,(m-k)!}\left(\frac{1}{k} + \frac{1}{m-k+1}\right)\\ &= \frac{m!}{(k-1)!\,(m-k)!}\cdot\frac{m+1}{k\,(m-k+1)} = \frac{(m+1)!}{k!\,(m+1-k)!}.\end{aligned}$$

Wenn also die erste Gleichung (6) für irgendeinen Wert von m und alle kleineren Werte von k richtig ist, so ist sie auch für den um eine Einheit größeren Wert von m richtig. Nun gilt sie für $m = 2$, wie man sich durch direkte Ausrechnung überzeugt; also gilt sie allgemein, w. z. b. w.

(Für $k = 1$ oder $k = m - 1$ muß man statt der Gleichung (5) eine der Gleichungen (4) benutzen.)

ZWEITER ABSCHNITT.

Die Null und die negativen Zahlen. Die Brüche.

§ 9. Einführung der Null und der negativen Zahlen.

Um zu sehen, wie weit die bisher allein für uns vorhandenen natürlichen Zahlen

$$1, 2, 3, 4, 5 \ldots$$

für die Geometrie nutzbar zu machen sind, betrachten wir eine Gerade und als einzige geometrische Operation das Abtragen einer willkürlich gewählten Einheitsstrecke auf ihr von einem willkürlich gewählten Anfangspunkte A, sowie von allen durch dieses Abtragen erreichten Punkten aus. Tragen wir die Strecke vorerst nur nach einer Seite hin ab, sagen wir, um uns kurz auszudrücken, nach rechts hin, so gelangen wir von A aus nacheinander zu Punkten, denen wir der Reihe nach die Zahlen 1, 2, 3, 4, ... zuordnen können. Man nennt diese Zahlen auch die Abszissen der Punkte und spricht kurz vom Punkte 1, 2 ..., allgemein vom Punkte a, b. Es ist klar, daß man zu den Punkten $a + b$ und $a - b$ gelangt, wenn man vom Punkte a aus die Einheitsstrecke b mal nach rechts und b mal nach links abträgt. Während aber die Differenz $a - b$ an die Bedingung $a > b$ geknüpft war, kann man die Einheitsstrecke beliebig oft nach links abtragen und gelangt so auch zu Punkten, denen einstweilen keine Zahlen entsprechen, nämlich zu A und zu den Punkten links davon. Wollen wir nun, wenigstens soweit bloß die Operation des Streckenabtragens in Betracht kommt, dem Axiom von S. 2/3 Rechnung tragen, so müssen wir neue Zahlen einführen.

Wir definieren:

I. *Jede Differenz $a - b$, wo a und b natürliche Zahlen sind, bezeichnen wir, auch wenn $a < b$ oder $a = b$ ist, künftig als Zahl.*

Die Beziehungen $=$, $<$, $>$ *definieren* wir, um mit früheren Festsetzungen nicht in Widerspruch zu geraten, sie vielmehr nur zu erweitern, durch § 3, VII, nämlich:

II. *Die ganze Zahl $a - b$ heißt $\gtreqless c - d$, je nachdem $a + d \gtreqless c + b$ ist.*

Durch diese Festsetzung ist auch die Forderung erfüllt, daß der Punkt $a - b$, zu dem man durch $b$maliges Abtragen der Einheitsstrecke nach links vom Punkte a aus gelangt, die gleiche Zahl zugeordnet erhält, wenn man ihn durch $(b + c)$maliges Abtragen vom Punkte $a + c$ aus erreicht:

1) $$a - b = (a + c) - (b + c).$$

Nach II gilt dann und nur dann $a - b < c - d$, wenn der Punkt $a - b$ links vom Punkte $c - d$ liegt.

Ferner folgt aus II:

2) $$1 - 1 = 2 - 2 = 3 - 3 = \ldots = a - a.$$

Diese dem Punkte A zugeordnete Zahl wird als 0 (Null) bezeichnet:

3) $$a - a = 0.$$

Ist $b > a$, so heißt $a - b$ eine *negative Zahl.* Im Gegensatz dazu heißen die natürlichen Zahlen auch *positive Zahlen.* Die Null rechnen wir weder zu den positiven noch zu den negativen Zahlen; sie ist größer als jede negative und kleiner als jede positive Zahl.

Nach II ist $a - b = 1 - [(b + 1) - a]$; die sämtlichen ganzen negativen Zahlen sind daher die folgenden:

$$1 - 2, \quad 1 - 3, \quad 1 - 4, \quad 1 - 5 \ldots,$$

wofür wir kürzer

$$\bar{1}, \quad \bar{2}, \quad \bar{3}, \quad \bar{4} \ldots$$

schreiben.

§ 10. Addition und Subtraktion negativer Zahlen und der Null.

Wir haben nun die bisher nur für die natürlichen Zahlen 1, 2, 3 .. definierten Rechenoperationen auf die Null und auf die negativen Zahlen auszudehnen. Da wir diese neuen Zahlen uns selbst geschaffen haben, liegt es in gewissem Maße in unserer Hand, wie wir diese Ausdehnung vornehmen wollen, jedenfalls kann von vornherein hier nicht von Beweisen (z. B. für $\bar{4} - \bar{3} = \bar{1}$) die Rede sein, sondern nur von Definitionen. Diese werden wir aber zweckmäßig so zu wählen haben, daß sie nicht in Widerspruch mit den Rechenregeln für die natürlichen Zahlen stehen, sondern sie als besondere Fälle einschließen. Nun haben wir einerseits die Null und die negativen Zahlen als Differenzen definiert; andrerseits haben wir gesehen, daß wir im Falle $a > b$ und $c > d$ die Summe $(a - b) + (c - d)$ und die Differenz $(a - b) - (c - d)$ wieder als Differenzen schreiben können:

$$1) \quad (a - b) + (c - d) = (a + c) - (b + d)$$
$$2) \quad (a - b) - (c - d) = (a + d) - (b + c) \qquad (\S\ 3,\ \text{VIII, IX}).$$

Wir definieren nun die Addition und die Subtraktion für die Null und für die negativen Zahlen einfach dadurch, daß wir sagen:

Die Gleichungen (1), (2) *sollen auch dann gelten, wenn die Bedingung $a > b$, $c > d$ nicht erfüllt ist.*

Aus Gleichung (1) liest man sofort ab:

Die Addition ist auch in dem erweiterten Zahlgebiet stets ausführbar, eindeutig bestimmt, assoziativ, kommutativ und endlich monoton in dem Sinn, daß stets

3) $(a - b) + (e - f) > (c - d) + (e - f)$ *ist, falls* $a - b > c - d$ ist

(vgl. § 2). Aus diesen fundamentalen Eigenschaften der Addition konnten wir aber durch logische Schlüsse alle übrigen ableiten; diese gelten somit auch für negative Zahlen und für die Null, und das gleiche gilt für die aus ihnen folgenden Subtraktionsgesetze des § 3.

Für $a = b$ folgt aus (1), (2) mit Rücksicht auf § 9 (1):

$$4) \quad 0 + (c - d) = (c - d)$$
$$5) \quad 0 - (c - d) = (d - c).$$

Hier kann $(c - d)$ positiv, negativ oder Null sein. Weiter besagt (5) für $c = 2$, $d = 1$, sodann für $c = 3$, $d = 2$ usw.:

$$6) \quad 0 - 1 = \bar{1}, \quad 0 - 2 = \bar{2}, \quad 0 - 3 = \bar{3} \text{ usw.}$$

Für $0 - 1$, $0 - 2$, $0 - 3, \ldots$ schreibt man kürzer

$$7) \quad -1, \quad -2, \quad -3, \ldots$$

Auch wir benutzen künftig diese Bezeichnung der negativen Zahlen an Stelle von $\bar{1}$, $\bar{2}$, $\bar{3}, \ldots$ In ähnlicher Weise versteht man z. B. unter $-(-7)$ soviel wie $0 - (-7) = 7$ (vgl. 5) und unter -0 soviel wie $0 - 0 = 0$. Für die positiven Zahlen $1 = 0 + 1$, $2 = 0 + 2, \ldots$ schreibt man auch $+1$, $+2$, $+3$, $+4, \ldots$ Nach § 9, II, sind die negativen Zahlen < 0, die positiven > 0.

Zahlen, die sämtlich positiv oder sämtlich negativ sind, heißen *gleichbezeichnet.*

Unter dem „*absoluten Betrage*“ von a oder kurz: unter dem Betrage von a — mit dem Zeichen $|a|$ — verstehen wir, wenn a eine nicht negative Zahl bedeutet, diese Zahl selbst, wenn aber a eine negative Zahl bedeutet, die positive Zahl $-a$. Statt „der (absolute) Betrag von a ist größer als der von b“ sagt man kurz: „a ist absolut größer als b“, oder: „a ist dem Betrage nach größer als b“. Zum Unterschied davon gebraucht man wohl die Bezeichnung „*algebraisch größer, bzw. kleiner*“, wenn der in § 9, II definierte Sinn der Worte „größer, kleiner“ gemeint ist.

Der absolute Betrag einer Summe ist nicht größer als die Summe der absoluten Beträge der einzelnen Summanden. Er ist nämlich dieser Summe gleich, wenn die einzelnen Summanden alle gleichbezeichnet sind; andernfalls ist er kleiner. Wir stellen die wichtigsten Formeln über das Rechnen mit absoluten Beträgen zusammen:

8) $$|a| = |-a|\,,$$

9) $$|a+b| \leqq |a| + |b|\,,$$

und für $-b$ an Stelle von b:

10) $$|a-b| \leqq |a| + |b|\,,$$

endlich aus (9) für $c = a + b$, also $a = c - b$:

11) $$|c-b| \geqq |c| - |b|\,,$$

oder auch wegen (8)

11′) $$|\pm b \pm c| \geqq |c| - |b|\,,$$

und ebenso statt (9):

11″) $$|\pm b \pm c| \leqq |b| + |c|\,.$$

§ 11. Multiplikation und Division mit negativen Zahlen.

Um nun auch einem Produkt, von dem wenigstens ein Faktor eine negative Zahl oder Null ist, einen Sinn abzugewinnen, verfahren wir ähnlich wie vorhin bei der Definition des Addierens und Subtrahierens für diese Zahlen: Wir gehen davon aus, daß im Falle $a > b > 0$, $c > d > 0$ die Formel

1) $$(a-b)(c-d) = (ac+bd) - (ad+bc)$$

gilt[1] und sagen, wir wollen sie auch dann noch als gültig betrachten, wenn die Bedingung $a > b$, $c > d$ nicht erfüllt ist; die Formel liefert

[1] Sie folgt aus § 4 (4) und § 3, IX.

uns so die Definition für die Multiplikation mit Null und mit negativen Zahlen.

Ist beispielsweise $a = b$ und $c - d$ irgendeine Zahl: $c - d = e$, so folgt aus (1):

$$0 \cdot e = e \cdot 0 = 0 \,. \tag{2}$$

Hieraus liest man weiter ab:

$$\frac{0}{e} = 0 \tag{3}$$

für jede von Null verschiedene Zahl e; ferner $\frac{0}{0} = e$, d. h. das Symbol $\frac{0}{0}$ kann jede Zahl e bedeuten, mit anderen Worten: es ist damit kein bestimmter Sinn zu verbinden. Auch das Zeichen $\frac{a}{0}$, wo $a \gtrless 0$ ist sinnlos; denn es gibt nach (2) keine Zahl, die mit 0 multipliziert a liefert, da jede Zahl mit 0 multipliziert wieder 0 ergibt. *Wir werden daher künftig Divisionen mit 0 niemals zulassen.*

Ist von den beiden Zahlen $(a - b)$, $(c - d)$ auf der linken Seite von (1) die erste negativ, die zweite positiv, so findet man aus § 10 (5) durch Vertauchung von a mit b, wodurch nur das Vorzeichen, nicht aber der absolute Betrag der rechten Seite geändert wird,

$$(a - b)(c - d) = -(b - a)(c - d) \,. \tag{4}$$

Ebenso folgt aus (1), falls $(a - b)$ sowohl als auch $c - d$ negativ ist:

$$(a - b)(c - d) = (b - a)(d - c) \,. \tag{5}$$

D. h. aber:

I. *Der absolute Betrag eines Produktes (von zwei Faktoren) ist stets gleich dem Produkt der Beträge der Faktoren:*

$$|a\,b| = |a| \cdot |b| \,; \tag{6}$$

das Produkt $a\,b$ ist positiv, wenn beide Faktoren gleichbezeichnet sind, negativ, wenn sie entgegengesetzt bezeichnet sind.

Hieraus schließt man, indem man auf die Bedeutung der Division zurückgeht, für irgend zwei von 0 verschiedene Zahlen a, b:

II. *Der absolute Betrag $\left|\frac{a}{b}\right|$ des Quotienten $\frac{a}{b}$ ist $= \frac{|a|}{|b|}$; $\frac{a}{b}$ ist > 0, wenn a und b gleichbezeichnet sind, < 0, wenn a und b verschieden bezeichnet sind.*

Durch Satz I und II, sowie durch die Gleichungen (2), (3) sind nunmehr auch die Operationen des Multiplizierens und Dividierens auf die negativen Zahlen sowie auf die Null übertragen mit der gebotenen Ausnahme, daß durch 0 nicht dividiert werden darf.

Aus Satz I folgt noch, daß auch wenn einer oder beide Faktoren negativ werden, die fundamentalen Gesetze der Multiplikation erhalten bleiben: die unbeschränkte Ausführbarkeit, die Eindeutigkeit, das kommutative und das assoziative Gesetz, das distributive Gesetz $a(b \pm c) = ab \pm ac$ und endlich folgendes Gesetz der Monotonie:

Aus $a > b$ *folgt* $ac > bc$, *wenn* c *positiv, dagegen* $ac < bc$, *wenn* c *negativ ist.*

Es gelten daher auch die aus diesen fundamentalen Gesetzen ableitbaren. Insbesondere bleiben die Divisionsregeln I, III bis VI des § 5 richtig, wenn die darin vorkommenden Zahlen a, b, c, d negative Werte annehmen. Daß dagegen die Null als Wert für a, b, c, d nicht ausnahmslos zuzulassen ist, haben wir schon gesehen; das hängt damit zusammen, daß das Monotoniegesetz für einen Faktor $c = 0$ nicht gilt:

Aus $a > b$ folgt weder $a0 > b0$, noch $a0 < b0$, sondern es ist $a0 = b0$.

Ein einzelner Buchstabe soll von jetzt an eine beliebige Zahl, sie sei positiv, Null, oder negativ, bedeuten können.

Es werde zum Schluß noch ausdrücklich vermerkt, daß in dem durch die negativen Zahlen erweiterten Zahlgebiete die Subtraktion stets möglich ist, und daß die Lösung der Gleichung

7) $$b + x = a$$

stets

8) $$x = a - b$$

ist; denn, schreibt man für einen Augenblick, um wirklich mit Differenzen zu rechnen und so die Definitionen dieses und des vorhergehenden Paragraphen benutzen zu können, in (7) $[(b+1)-1]$ statt b und $[(a+1)-1]$ statt a, so ergibt sich $b + x$ mit Benutzung von (8) gleich

$$[(b+1)-1] + (a-b) = [(b+1)+a] - [b+1] \quad (\S\ 10, (1)$$
$$= a, \quad (\S\ 9, \text{II}),$$

wie behauptet.

§ 12. Einführung der Brüche. Das Rechnen mit Brüchen.

Nachdem wir durch Schaffung der Null und der negativen Zahlen die erste Erweiterung des Zahlgebäudes vorgenommen haben, gehen wir sofort an die zweite Erweiterung heran. Mit unseren ganzen Zahlen vermögen wir noch nicht unbegrenzt teilbare Größen zu messen. So können wir z. B. die Einheitsstrecke 0 1 auf der in § 9 eingeführten Geraden (die wir als Beispiel und Repräsentant solcher Größen betrachten) zwar mit Zirkel und Lineal in eine beliebige Anzahl gleicher Teile teilen, den Teilpunkten entsprechen aber einstweilen noch keine Zahlen. Um dem abzuhelfen, müssen wir neue Zahlen bilden und verfahren zu dem Zweck ganz ähnlich wie in § 9: Das Zeichen $\frac{a}{b}$ hatte für uns bisher nur eine Bedeutung, wenn die positive oder negative Zahl b ein Teiler der Zahl a war.

Wir sagen nun:

I. *Wir nennen $\frac{a}{b}$ künftig auch dann eine Zahl, wenn a eine ganz beliebige ganze Zahl und b eine beliebige von Null verschiedene Zahl ist.* Die Zahl $\frac{a}{b}$ wird auch eine rationale Zahl oder ein *Bruch* genannt, a heißt ihr Zähler, b ihr Nenner. Jede der bisher betrachteten ganzen Zahlen c ist unendlich vielen Brüchen gleich; denn für jede ganze Zahl k gilt $c = \frac{ck}{k}$; solche Brüche, die ganzen Zahlen gleich sind, heißen auch uneigentliche Brüche, zu ihnen gehört auch

$$\frac{0}{b} = 0$$

für jedes $b \gtrless 0$, nach § 11 (3); die anderen Brüche, die unsere neu geschaffenen Zahlen sind, heißen eigentliche Brüche. Der Bruch $\frac{a}{b}$ heißt echt, wenn $|a| < |b|$, unecht, wenn $|a| > |b|$.

Unsere nächste Aufgabe ist, die Begriffe $>, <, =$, sowie Addition, Subtraktion, Multiplikation, Division für die eigentlichen Brüche zu definieren und zwar so, daß diese Definitionen den früheren Rechnungsregeln für die uneigentlichen Brüche nicht widersprechen, sondern dieselben als besondere Fälle umfassen.

Dies erreichen wir mit einem Schag, indem wir bestimmen:

II. *Die in § 5, I bis VI festgestellten Regeln für das Rechnen mit uneigentlichen positiven Brüchen sollen auch für eigentliche gelten,* jedoch mit folgender *Einschränkung:* Die Regel II soll nur gelten, wenn beide Nenner b und d gleichbezeichnet sind. Da nach der ersten Regel (mit $c = -1$) stets $\frac{a}{-b} = \frac{-a}{b}$ ist, kann man die Nenner stets als positiv voraussetzen. Ohne die Einschränkung wäre die Regel II in sich widerspruchsvoll; denn, da wie soeben bemerkt wurde, der Bruch $\frac{a}{b}$ sich nicht ändert, wenn man a in $-a$ und gleichzeitig b in $-b$ verwandelt, würde sie einmal besagen $\frac{a}{b} > \frac{c}{d}$, wenn $ad > bc$, aber auch wenn $-ad > -bc$, d. h. wenn $ad < bc$.

§ 13. Widerspruchslosigkeit der aufgestellten Definitionen.

Es erhebt sich die Frage: Sind die Definitionen (§ 12, II) in sich widerspruchsfrei? Wir wollen kurz auf diese Frage eingehen. Eigentlich hätten wir sie schon in § 10 und 11 stellen müssen, als wir die Definitionen für das Rechnen mit negativen Zahlen aufstellten. Aber der Leser wird nach dem Vorbild der hier folgenden Überlegungen die entsprechenden der §§ 10, 11 leicht nachtragen.

Wir bezeichnen im folgenden häufig auch Brüche mit einem einzigen Buchstaben; doch wollen wir in diesem Paragraphen dafür griechische Buchstaben $\alpha, \beta, \gamma \ldots$ wählen und unter $a, b, c \ldots$ nach wie vor ganze Zahlen verstehen. Die vorkommenden Nenner denken wir uns immer positiv, was nach dem vorhin Bemerkten erlaubt ist. Dann haben wir uns vor allem zu fragen:

Können nicht zwei Brüche α, β, die nach der Regel I (§ 5) einander gleich sind, nach Regel II einander ungleich sein? Es sei etwa $\alpha = \frac{m}{n}$; wir wollen voraussetzen, daß m und n teilerfremd sind; das dürfen wir, weil wir nach Regel I Zähler und Nenner durch einen gemeinsamen Faktor dividieren dürfen, $\frac{m}{n}$ heißt dann ein reduzierter Bruch. Jeder Bruch $\frac{a}{b}$, der auf Grund von I gleich α ist, hat dann die Form $\frac{km}{kn}$. Wir wollen nun zeigen: Wenn $\frac{km}{kn}$ vermöge Regel II gleich $\frac{c}{d}$ ist, so hat $\frac{c}{d}$ die Form $\frac{lm}{ln}$, ist also auch nach I gleich $\frac{m}{n}$; dadurch wird gezeigt, daß die scheinbar weitere Gleichheitsdefinition II tatsächlich nicht mehr aussagt als I, daß also auch für Brüche α, β, γ das Gleichheitsaxiom (§ 1, I), wonach aus $\alpha = \beta$, $\beta = \gamma$ stets $\alpha = \gamma$ folgt, unverletzt ist. Beweis: Ist auf Grund von II

$$\frac{km}{kn} = \frac{c}{d}, \quad \text{also} \quad kmd = knc$$

und daher auch $md = nc$, so ist $c = \frac{md}{n}$, also d durch n teilbar (§ 6, VII); wir setzen $d = ln$, dann ist wegen $md = nc$

$$mln = nc, \quad \text{also} \quad ml = c,$$

somit $\frac{c}{d} = \frac{ml}{nl}$, w. z. b. w.

Ferner wollen wir zeigen, daß die Definition der Zeichen $>$, $<$ in II so eingerichtet ist, daß auch für Brüche α, β, γ aus $\alpha < \beta$, $\beta < \gamma$ die Ungleichung $\alpha < \gamma$ folgt. Es sei $\alpha = \frac{a}{b}$, $\beta = \frac{c}{d}$, $\gamma = \frac{e}{f}$, ferner seien b, d, f positiv; die Voraussetzung $\alpha < \beta$, $\beta < \gamma$ besagt nach II, daß

$$ad < bc\,, \quad fc < ed\,.$$

Hieraus folgt mit Rücksicht auf § 6, V

$$fad < fbc\,, \quad fbc < bed\,,$$

also nach § 1, IV

$$fad < bed \quad \text{oder} \quad fa < be \quad (\S\ 5,\ \text{II}),$$

das ist aber nach II soviel wie die behauptete Ungleichung $\alpha < \gamma$.

Endlich wäre zu zeigen, daß das Ergebnis einer Rechenoperation, z. B. der durch V definierten Multiplikation, ungeändert bleibt, wenn man die Faktoren $\frac{a}{b}$, $\frac{c}{d}$ durch andere ihnen vermöge I, II gleiche Brüche ersetzt. Sind $\frac{a}{b}$, $\frac{c}{d}$ reduzierte Brüche, so hat jeder Bruch, der $= \frac{a}{b}$ ist, die Form $\frac{ka}{kb}$ und jeder Bruch, der $= \frac{c}{d}$ ist, die Form $\frac{lc}{ld}$; nun ist nach V

$$\frac{ka}{kb} \cdot \frac{lc}{ld} = \frac{(ka)(lc)}{(kb)(ld)} = \frac{(kl)ac}{(kl)bd} = \frac{ac}{bd}\,,$$

d. h. unabhängig von k, l, w. z. b. w.

Schließlich bemerke man, daß auch in dem durch Einführung der Brüche erweiterten Zahlgebiet die als fundamental bezeichneten und mit ihnen auch die abgeleiteten Gesetze der Addition und Multiplikation gültig bleiben. So bleiben z. B. die sämtlichen Regeln I bis VI des § 5 richtig, wenn man die a, b, c, d durch Brüche α, β, γ, δ ersetzt mit der einen S. 25 erwähnten Einschränkung bezüglich II.

Daß in dem erweiterten Zahlgebiet die Division außer mit Null stets möglich ist und daß die Gleichung

$$x\beta = \alpha \quad (\text{mit } \beta \gtrless 0)$$

stets die Lösung $\alpha : \beta$ (oder α / β) hat, sei noch besonders hervorgehoben.

Die Ausführungen der Paragraphen 9 bis 13 bezwecken selbstverständlich nicht, die Kenntnis des Rechnens mit den negativen Zahlen und den Brüchen jemand zu vermitteln, der vorher damit ganz unvertraut war, sondern sie setzen voraus, daß der Leser geübt ist, mit diesen Zahlen umzugehen, daß diese Übung aber vielleicht einer sicher begründeten Unterlage bisher entbehrte.

§ 14. Verwertung der rationalen Zahlen und ihrer Rechnungsregeln in der Geometrie.

Auf unserer Zahlgeraden, die wir auch die X-Achse nennen wollen, entspricht nun jeder rationalen Zahl x ein bestimmter Punkt, den wir ebenfalls x nennen. Auch ist erreicht, daß allen Punkten, die man erhält, wenn man die Strecke $x_1 \ldots x_2$ (wo x_1 und x_2 irgendwelche rationale Zahlen sind) in n gleiche Teile teilt, wieder Punkte mit rationalen Abszissen entsprechen, nämlich die Punkte $x_1 + \frac{x_2 - x_1}{n}$, $x_1 + 2\frac{x_2 - x_1}{n}$, $x_1 + 3\frac{x_2 - x_1}{n}$, $\ldots x_1 + (n-1)\frac{x_2 - x_1}{n}$.

Durch den Punkt 0 denken wir uns nun senkrecht zur X-Achse eine Gerade, die Y-Achse, gezogen und jeder rationalen Zahl y in gleicher Weise einen Punkt dieser Geraden zugeordnet, wie es auf der X-Achse schon geschehen ist, und zwar so, daß dem Schnittpunkt der beiden Achsen der Wert $y = 0$ entspricht. Zieht man nun durch den Punkt x der X-Achse eine Parallele h zur Y-Achse, und durch den Punkt y der Y-Achse eine Parallele k zur X-Achse, so erhalten wir als Schnitt von h und k einen Punkt der XY-Ebene, der durch Angabe von x, y eindeutig bestimmt ist, und den wir kurz den Punkt x, y nennen; x, y heißen die Koordinaten des Punktes, x seine Abszisse, y seine Ordinate.

Für die Punkte der X-Achse ist $y = 0$, für die der X-Achse ist $y = 0$.

Die Zweckmäßigkeit einer solchen Lagebezeichnung mittels Zahlen, welche bekanntlich die Grundlage der analytischen Geometrie ist, dürfte von vornherein und allgemein einleuchtend sein; dagegen könnten unsere Rechnungsregeln für negative Zahlen und Brüche einem ganz unvoreingenommenen Menschen leicht höchst sonderbar erscheinen, er würde wahrscheinlich zugeben, daß dadurch ein abstraktes Lehrgebäude der Arithmetik von großer Folgerichtigkeit errichtet ist, möglicherweise würde es ihm auch eine gewisse ästhetische Befriedigung gewähren, aber er würde kaum einsehen, daß Festsetzungen wie $-7-(-8)=1$ oder $\left(-\frac{5}{6}\right):\left(\frac{20}{3}\right) = -\frac{1}{8}$ von unermeßlicher praktischer Bedeutung sind. Für einen mathematisch einigermaßen Vorgebildeten wird es nicht schwer sein, den hierin liegenden Einwand zu entkräften: Betrachten wir z. B. alle Punkte x, y, deren Koordinaten eine lineare Gleichung, wie z. B.

1) $$3x - 4y + 7 = 0$$

erfüllen (selbstverständlich gibt es für uns einstweilen keine anderen Punkte x, y als rationale, d. h. solche mit rationalen Koordinaten). Man zeigt leicht, daß das die Punkte einer Geraden sind; dieser einfache Satz ist aber einzig und allein dadurch erzielt worden, daß wir die Rechenregeln für negative und gebrochene Zahlen, so wie geschehen, festgesetzt haben. Jeder Versuch einer anderen Festsetzung würde sofort zu einem Durcheinander führen, der Verzicht auf das Rechnen mit negativen Zahlen aber wäre zugleich ein Verzicht auf die ganze analytische Geometrie. Ein anderes Beispiel: Ist $P_1 P_2 \ldots P_n$ ein Polygon und hat die Ecke P_i die Koordinaten x_i, y_i, so ergibt sich in der analytischen Geometrie als Maßzahl der Fläche dieses Polygons die Summe:

$$\begin{aligned} &\frac{1}{2}(x_1 y_2 - x_2 y_2) + \frac{1}{2}(x_2 y_3 - x_3 y_2) + \cdots \\ &\qquad + \frac{1}{2}(x_{n-1} y_n - x_n y_{n-1}) + \frac{1}{2}(x_n y_1 - x_1 y_n). \end{aligned} \tag{2}$$

Auch dieses einfache Ergebnis ist unseren Festsetzungen über das Rechnen mit negativen Zahlen und Brüchen zu verdanken. In gleicher Weise kann schließlich jeder Satz und jede Aufgabe der analytischen Geometrie als Beispiel benutzt werden. Und wem die analytische Geometrie noch nicht genügend angewandte oder praktische Mathematik bedeutet, möge sich erinnern, daß die Kurven der analytischen Geometrie auch als graphische Darstellungen der zwischen physikalischen Größen bestehenden Abhängigkeiten angesehen werden können.

Wir machen im Anschluß an die vorstehenden Bemerkungen noch folgende an sich willkürliche Festsetzung: Die Achse der positiven x soll, wenn man sie um 90^0 im Sinne *entgegengesetzt dem des Uhrzeigers* dreht, mit der positiven y-Achse zur Deckung kommen. Als *positiven Drehsinn* wählen wir immer den dem Uhrzeigersinn entgegengesetzten und rechnen in ihm die Winkel positiv, so daß einem rechten Winkel 90^0, einem vollen Umlauf 360^0, einem doppelten 720^0 entsprechen usw.; im entgegengesetzten Sinne rechnen wir die Winkel negativ. Auch dem Umlauf der Begrenzung eines Polygons oder einer geschlossenen Kurve legen wir einen positiven oder negativen Sinn bei, je nachdem bei dem Umlauf die Fläche zur Linken oder zur Rechten bleibt; die vorhin erwähnte Formel (2) ergibt dann einen positiven Wert des Flächeninhalts, wenn das Polygon $P_1 P_2 \ldots P_n$ im positiven Sinn umlaufen wird.

DRITTER ABSCHNITT.

Definition der irrationalen Zahlen. Addition und Subtraktion irrationaler Zahlen.

§ 15. Notwendigkeit einer dritten Erweiterung des Zahlgebiets.

Für die Bedürfnisse des täglichen Lebens reichen die bisher eingeführten Zahlen aus; ja hier kommt man im allgemeinen sogar ohne negative Zahlen und mit solchen Brüchen aus, deren Namen auf wenige Zahlen, wie 2, 3, 12, 60, sowie auf Potenzen von 10 beschränkt bleiben. Dagegen ist es für die Bedürfnisse der reinen Geometrie erwünscht, ja unerläßlich, neue Zahlen zu bilden; die in dieser reinen Geometrie (im Gegensatz zur praktischen Meßkunde) vorkommenden Punkte, Gerade, Strecken, Kreise usw. sind ideale Gebilde unserer Vernunft, sie kommen in der Natur als solche genau nicht vor, sondern nur in gewisser Annäherung (als kleine Körper, gespannte Fäden, am Lineal oder mit dem Zirkel geführte Bleistiftstriche usw.), doch werden wir zweifellos durch die Erfahrung mit Gegenständen wie den soeben aufgezählten zur Schöpfung jener idealen Gebilde veranlaßt, sowie zur Festsetzung der zwischen ihnen geltenden Grundgesetze (Axiome, Postulate, wie z. B.: zwei Punkte bestimmen stets eine Gerade; es gibt zwei Strahlen, durch die ein gegebener Winkel in drei gleiche Teile geteilt wird, usw.).

In der reinen Geometrie beweist man nun folgendes:

Sind die Katheten eines gleichschenklig rechtwinkligen Dreiecks Einheitsstrecken, so ist 2 die Maßzahl für die Fläche des Quadrates über der Hypotenuse. Die Längenmaßzahl dieser Hypotenuse selbst müßte danach die Eigenschaft haben, *daß ihre zweite Potenz gleich 2 ist; eine solche Zahl aber gibt es nicht unter den bisher von uns betrachteten.*

Wir dürfen uns beim Beweise dieser Behauptung offenbar auf positive Zahlen beschränken. Daß das Quadrat keiner *ganzen* positiven Zahl gleich 2 sein kann, ergibt sich aus dem Monotoniegesetz der Multiplikation; denn es ist $1^2 < 2$, $2^2 = 4 > 2$, also um so mehr $a^2 > 2$, wenn $a > 2$. Daß aber auch das Quadrat keiner gebrochenen Zahl gleich 2 sein kann, beweist man indirekt: Angenommen p/q sei ein solcher Bruch und es seien p, q zwei teilerfremde ganze Zahlen, dann müßte $p^2 = 2q^2$, also p^2 durch q teilbar sein. Wenn aber jeder Faktor eines Produktes $p \cdot p$ zu q teilerfremd ist, kann das Produkt nach § 6, VII nicht durch q teilbar sein. Somit führt unsere Annahme auf einen Widerspruch.

Wollen wir also an dem S. 2/3 ausgesprochenen Postulat festhalten, so sehen wir uns abermals genötigt, neue Zahlen einzuführen, die wir *Irrationalzahlen* nennen.

Man könnte versucht sein, zwar zuzugeben, daß es für die reine Mathematik (Geometrie und Analysis) zweckmäßig sein möge, diese Zahlen zu schaffen, daß aber die ganze angewandte Mathematik ihrer nicht bedürfe; denn auch die genaueste Messung liefere beispielsweise den Flächeninhalt jenes Quadrats, wenn es nunmehr nicht mehr als der reinen Geometrie angehörig, sondern etwa als aus Papier ausgeschnitten angesehen wird, mit einem unvermeidlichen Fehler und da sei es erlaubt, je nachdem der zulässige Fehler der Messung $\frac{1}{100}$ oder $\frac{1}{1000}$ oder $\frac{1}{10000}$ usw. betrage, jenem Flächeninhalt statt der Maßzahl 2 die Maßzahlen $1{,}41^2$ oder $1{,}414^2$ oder $1{,}4142^2$ usw. zu geben und dementsprechend die fragliche Quadratseite durch die *rationalen* Zahlen 1,41 oder 1,414 oder 1,4142 usw zu messen. Logisch läßt sich hiergegen nichts einwenden, und tatsächlich wird man bei der Lösung irgendeiner einzelnen Aufgabe so verfahren. Aber wollte man diesen Standpunkt in einem ganzen großen Lehrgebäude der angewandten Mathematik beibehalten (z. B. in der Geodäsie oder auch in der Elektrizitätslehre), so käme man in die allergrößten Schwierigkeiten; man würde beispielsweise die Länge 1 von der Länge 1,0001 nicht unterscheiden, diese nicht von der Länge 1,0002 usw. und käme so zu Gleichungen

$$1 = 1{,}0001, \quad 1{,}0001 = 1{,}0002, \quad 1{,}0002 = 1{,}0003, \ldots \quad 1{,}9999 = 2$$

und da man doch nicht schließen möchte, daß

$$1 = 2$$

ist, müßte man von vornherein auf den Grundsatz verzichten, daß zwei Größen, die einer dritten gleich sind, auch einander gleich sind. Damit wäre aber so gut wie jede mathematische Behandlung der Naturwissenschaft ausgeschlossen. Oder man müßte von vornherein in jeder Gleichung jede Größe als mit einem gewissen Fehler behaftet einsetzen, wodurch Einfachheit und Übersichtlichkeit völlig verloren gingen. Tatsächlich ist auch nie versucht worden, diesen Weg auszubauen. Vielmehr ist noch immer jeder mathematischen Behandlung der Naturwissenschaften das nämliche Zahlensystem zugrunde gelegt worden, das auch für die reine Geometrie sich als notwendig erweist und mit dessen vollständigem Ausbau (durch Einfügung der Irrationalzahlen) wir uns in den nächsten Paragraphen beschäftigen werden. Der Hauptvorteil, den wir durch die Bereitstellung dieses Zahlensystems erreichen, ist schließlich der, daß wir in ihm ein Mittel besitzen, jede unbegrenzt teilbare Größe zu messen, gleichviel ob es sich nun um eine Strecke oder um eine Stromstärke handelt. Im Grunde sind auch die Begriffsbildungen der theoretischen Physik denen der reinen Geometrie recht ähnlich, diese wie jene haben ihre Wurzel in Dingen und Tatsachen der Erfahrung, aus denen sie durch Idealisation und Abstraktion gewonnen werden, und die Rolle, die ein Naturgesetz (z. B. das OHMsche) in der *theoretischen* Physik spielt, ist von der eines Axioms in der reinen Geometrie nicht wesentlich verschieden.

§ 16. Die DEDEKINDsche Definition der irrationalen Zahlen.

Der folgerichtige Ausbau des Zahlensystems und seine Verwendung für die allgemeine Größenmessung geschah sehr allmählich, die letzte Vervollkommnung erst in der zweiten Hälfte des 19. Jahrhunderts. Obwohl in EUKLIDs bewunderungswürdiger Lehre von den inkommensurablen Verhältnissen ein folgerichtiges geometrisches Äquivalent der Irrationaltheorie seit mehr als zweitausend Jahren vorlag, hat es der Arithmetik bis in die neueste Zeit hinein an einwandfreien Definitionen der Irrationalzahlen und des Rechnens mit ihnen gefehlt. In das Verdienst, diesen Mangel nicht nur klar erkannt, sondern ihm auch in völlig befriedigender Weise abgeholfen zu haben, teilen sich KARL WEIERSTRASS, GEORG CANTOR und RICHARD DEDEKIND. Wir folgen zunächst DEDEKIND, der von Vorstellungen und Bedürfnissen der Geometrie ausging und an folgendes geometrisches Axiom anknüpfte, das man als Grundsatz der *Lückenlosigkeit* bezeichnen kann:

I. *Teilt man sämtliche Punkte einer Geraden in zwei Klassen, sagen wir etwa in die Punkte A und a, so daß jeder Punkt einer und nur einer dieser Klassen angehört und hat diese Einteilung die weitere Eigenschaft, daß jeder Punkt A rechts von jedem Punkt a liegt, so gibt es auf der Geraden einen ganz bestimmten Punkt, welcher die Eigenschaft besitzt, die beiden Klassen voneinander zu trennen; d. h. er liegt, falls er zur Klasse A gehört, am weitesten links von allen Punkten seiner Klasse, oder falls er zu a gehört, am weitesten rechts von diesen Punkten.*

Wir haben bisher auf der X-Achse nur rationale Punkte, d. h. solche mit rationaler Abszisse betrachtet; an folgendem Beispiel erkennen wir, daß die Gerade außerdem noch andere Punkte enthalten muß, wenn das vorstehende Axiom gelten soll:

Wir teilen die Gesamtheit der rationalen Zahlen in zwei Klassen: zur ersten gehören alle negativen Zahlen, die Null und von den positiven Zahlen diejenigen, deren Quadrat < 2 ist, zur zweiten Klasse gehören die positiven Zahlen, deren Quadrat > 2 ist; die Zahlen der ersten Klasse bezeichnen wir als die a, die der zweiten als die A. Diese Zerlegung hat folgende Eigenschaften:

I. *Die Gesamtheit der rationalen Zahlen wird durch sie erschöpft,* d. h. jede solche Zahl gehört entweder der einen oder der andern der beiden Klassen an.

II. *Jedes A ist größer als jedes a,* anders ausgedrückt: jeder Punkt A liegt rechts von jedem Punkte a. Denn wenn a größer als A wäre, so wäre nach dem Monotoniegesetz der Multiplikation auch $a^2 > aA > A^2$. Aus $a^2 < 2$ und $A^2 > 2$ folgt aber $a^2 < A^2$.

III. *Unter den a ist keine die größte.* Dann sei $a_1 > 0$ eines der a, dann ist $2 - a_1^2$ eine positive Zahl; wir nennen sie ε. Wählt man dann irgendeine positive rationale Zahl h, die den beiden Bedingungen:

$$h < 1, \quad h < \frac{\varepsilon}{2a_1 + 1}$$

gleichzeitig genügt, so wird:

$$(a_1 + h)^2 = a_1^2 + h(2a_1 + h) < a_1^2 + h(2a_1 + 1) < a_1^2 + \varepsilon,$$

also kleiner als 2. Somit ist $a_1 + h$ eine Zahl, die $> a_1$ ist und doch auch noch zu den a gehört. a_1 ist also nicht die größte unter den a; w. z. b. w.

IV. *Unter den A ist keine die kleinste.* Denn sei A_1 eines der A, also $A_1^2 - 2$ eine positive Zahl; wir nennen sie η. Wählen wir dann eine Zahl h so, daß sie den beiden Bedingungen:

$$h < 1, \quad h < \frac{\eta}{2A_1}$$

zugleich genügt, so wird

$$(A_1 - h)^2 = A_1^2 - 2A_1h + h^2 > A_1^2 - 2A_1h > A_1^2 - \eta,$$

also größer als 2. Somit ist $A_1 - h$ eine Zahl, die kleiner als A_1 ist und doch auch noch zu den A gehört. A_1 ist also nicht die kleinste unter den A.

Da nach III, IV unter den A keine kleinste Zahl, unter den a keine größte sich findet, ist der Grundsatz der Lückenlosigkeit nicht erfüllt, solange man auf einer Geraden keine anderen als rationale Punkte zuläßt. Um dem abzuhelfen, haben wir abermals neue Zahlen einzuführen, denen wir wieder Punkte zuordnen werden. Dadurch wird dann, wie wir sehen werden, u. a. auch die Strecke, deren Quadrat einen Flächeninhalt von der Maßzahl 2 besitzt, ihre Maßzahl erhalten.

Wir definieren (nach R. Dedekind):

Unter einem Schnitt im Gebiete der rationalen Zahlen verstehen wir eine Zerlegung dieses Gebietes in zwei Teile — Untergebiet und Obergebiet —, welche folgende beiden Eigenschaften hat:

1. *Jede rationale Zahl gehört einem und nur einem dieser Gebiete an.*

2. *Jede Zahl des Untergebietes ist kleiner als jede Zahl des Obergebietes.*

Als *gegeben* werden wir einen solchen Schnitt dann ansehen, wenn wir ein Mittel besitzen, um von jeder vorgelegten rationalen Zahl zu entscheiden, ob sie zum Untergebiet oder zum Obergebiet gehört. Der Kürze halber wollen wir die Zahlen des Obergebiets als die A, die Zahlen des Untergebiets als die a bezeichnen.

Ist ein solcher Schnitt gegeben, so haben wir zunächst zu fragen, ob etwa im Untergebiet eine größte oder im Obergebiet eine kleinste Zahl vorhanden ist. Beides zugleich kann nicht eintreten; denn wäre a_1 die größte Zahl des Untergebiets, A_1 die kleinste Zahl des Obergebiets, so könnte die Zahl $(a_1 + A_1)/2$, da sie wegen Voraussetzung (2) kleiner als A_1 und größer als a_1 ist, weder zum Untergebiet noch zum Obergebiet gehören; und das wäre gegen die Voraussetzung (1). Wir haben also nur drei Fälle zu unterscheiden:

1. Fall. Unter den a ist eine die größte, nämlich α, aber unter den A keine die kleinste.

2. Fall. Unter den a ist keine die größte, aber unter den A ist eine die kleinste, nämlich α.

Beide Fälle sind in der Tat möglich; im ersten Fall ist der Schnitt definiert durch die Ungleichungen:

$$a \leqq \alpha, \quad A > \alpha,$$

im zweiten durch die Ungleichungen:

$$a < \alpha, \quad A \geqq \alpha.$$

In beiden Fällen sagen wir: der vorgelegte Schnitt wird durch die rationale Zahl α hervorgebracht, oder der Schnitt bestimmt die Zahl α, oder geradezu der Schnitt ist gleich der Zahl α.

3. Fall. Es gibt weder unter den a eine größte, noch unter den A eine kleinste. Daß dieser Fall in der Tat eintreten kann, haben wir vorhin an einem Beispiel gesehen. Wir sagen in diesem Fall: *Durch den Schnitt $a | A$ wird eine irrationale Zahl α definiert, oder geradezu der Schnitt ist gleich dieser Zahl α*:

$$a | A = \alpha .$$

Diese Ausdrucksweise wird gerechtfertigt sein, wenn wir, was im folgenden geschieht, gezeigt haben werden, daß wir mit solchen irrationalen Zahlen rechnen dürfen, wie mit rationalen; wir wollen sie aber der Kürze halber schon jetzt benutzen.

§ 17. Berechnung irrationaler Zahlen.

Wir sagen: wir haben eine irrationale Zahl $\alpha = a | A$ mit einer Genauigkeit von ε (oder: auf ε genau) berechnet, sobald wir zwei rationale Zahlen kennen, deren Differenz $< \varepsilon$ ist und von denen die eine zu den a und die andere zu den A gehört.

Zwei solche Zahlen können wir uns, wenn wir die Mühe nicht scheuen, nach einer in jedem Falle zum Ziele führenden Methode verschaffen, wenn zwei Bedingungen erfüllt sind: der Schnitt $a | A$ muß vollständig gegeben sein, d. h. wir müssen imstande sein, von jeder rationalen Zahl zu entscheiden, ob sie zu den a oder zu den A gehört, und wir müssen mindestens ein a und ein A schon kennen. Die letztere Bedingung ist, wie wir sehen werden, in den uns vorkommenden Fällen leicht zu erfüllen.

Seien nämlich a_1 und A_1 bekannt, so ist damit zugleich bekannt, daß alle Zahlen, die kleiner als a_1 sind, zu den a, und alle Zahlen, die größer als A_1 sind, zu den A gehören. Nur von den zwischen a_1 und A_1 liegenden Zahlen steht die Entscheidung noch aus; also ist α mit einer Genauigkeit $A_1 - a_1$ bekannt. Wir bilden nun $(A_1 + a_1)/2$ und untersuchen, ob diese Zahl zu den A oder zu den a gehört. Im ersteren Fall setzen wir:

$$a_2 = a_1 , \quad A_2 = (A_1 + a_1)/2 ,$$

im letzteren:

$$a_2 = (A_1 + a_1)/2 , \quad A_2 = A_1 .$$

In beiden Fällen wird:

$$A_2 - a_2 = (A_1 - a_1)/2 ;$$

das Gebiet der Zahlen, von denen noch nicht entschieden ist, ob sie zu den a oder zu den A gehören, ist also dadurch auf die Hälfte verkleinert.

Dieses Verfahren läßt sich beliebig oft wiederholen und das Gebiet der Unentschiedenheit dadurch beliebig verkleinern. Wenn nämlich eine noch so kleine Zahl ε gegeben ist, so kann man doch n immer so groß wählen, daß $(A_1 - a_1)/2^n < \varepsilon$ wird (vgl. § 29).

Soll etwa der schon in § 16 als Beispiel behandelte, durch die Bedingungen:

$$a^2 < 2, \quad A^2 > 2$$

definierte Schnitt mit einer Genauigkeit von $^1/_{1000}$ bestimmt werden, so kann man davon ausgehen, daß Null jedenfalls zu den a und 2 jedenfalls zu den A gehört. Prüfen wir dann $(2 + 0)/2 = 1$, so sehen wir, daß es zu den a gehört. Wir haben also weiter $(2 + 1)/2 = 3/2$ zu prüfen; es gehört zu den A. So fortfahrend bekommen wir folgende Rechnung:

$$\begin{array}{rll}
 & a_1 = 0, & A_1 = 2, \\
1^2 < 2, \text{ also: } & a_2 = 1, & A_2 = 2, \\
(3/2)^2 > 2, & a_3 = 1, & A_3 = 3/2, \\
(5/4)^2 < 2, & a_4 = 5/4, & A_4 = 6/4, \\
(11/8)^2 < 2, & a_5 = 11/8, & A_5 = 12/8, \\
(23/16)^2 > 2, & a_6 = 22/16, & A_6 = 23/16, \\
(45/32)^2 < 2, & a_7 = 45/32, & A_7 = 46/32, \\
(91/64)^2 > 2, & a_8 = 90/64, & A_8 = 91/64, \\
(181/128)^2 < 2, & a_9 = 181/128, & A_9 = 182/128, \\
(363/256)^2 > 2, & a_{10} = 362/256, & A_{10} = 363/256, \\
(725/512)^2 > 2, & a_{11} = 724/512, & A_{11} = 725/512, \\
(1449/1024)^2 > 2, & a_{12} = 1448/1024, & A_{12} = 1449/1024.
\end{array}$$

Die gesuchte Irrationalzahl (die wir mit $\sqrt{2}$ bezeichnen)[1] ist dadurch mit der verlangten Genauigkeit bestimmt.

Will man mit Dezimalbrüchen rechnen, so ist das Verfahren zweckmäßigerweise etwas abzuändern, wie man aus folgendem Beispiel entnehmen möge.

Es ist $1{,}1^2$, $1{,}2^2$, $1{,}3^2$, $1{,}4^2 < 2$, aber $1{,}5^2 > 2$, also

$$a_1 = 1{,}4, \quad A_1 = 1{,}5;$$

ferner $1{,}41^2 < 2$, $\quad 1{,}42^2 > 2$,

$$a_2 = 1{,}41, \quad A_2 = 1{,}42;$$

$1{,}411^2$, $1{,}412^2$, $1{,}413^2$, $1{,}414^2 < 2$, aber $1{,}415^2 > 2$; also

$$a_3 = 1{,}414, \quad A_3 = 1{,}415.$$

[1] Daß $(\sqrt{2})^2 = 2$ ist, wird sich erst ergeben, wenn in § 26 die Multiplikation irrationaler Zahlen definiert sein wird.

(Beide Ergebnisse widersprechen sich nicht; es ist $181/128 < 1{,}415$, $1449/1024 > 1{,}414$.)

Man kann auch a_1 und A_1 auf die kleinste Benennung bringen, $a_1 = p/q$, $A_1 = P/Q$, und dann beim nächsten Schnitt zunächst $(p + P):(q + Q)$ prüfen:

$$
\begin{array}{lll}
 & a_3 = 1/1, & A_3 = 3/2, \\
(4/3)^2 < 2, & a_4 = 4/3, & A_4 = 3/2, \\
(7/5)^2 < 2. & a_5 = 7/5, & A_5 = 3/2, \\
(10/7)^2 > 2, & a_6 = 7/5, & A_6 = 10/7, \\
(17/12)^2 > 2, & a_7 = 7/5, & A_7 = 17/12, \\
(24/17)^2 < 2, & a_8 = 24/17, & A_8 = 17/12, \\
(41/29)^2 < 2, & a_9 = 41/29, & A_9 = 17/12, \\
(58/41)^2 > 2, & a_{10} = 41/29, & A_{10} = 58/41, \\
(99/70)^2 > 2, & a_{11} = 41/29, & A_{11} = 99/70, \\
(140/99)^2 < 2, & a_{12} = 140/99, & A_{12} = 99/70.
\end{array}
$$

Diese Art der Annäherung läßt sich immer so einrichten, daß für jedes ν:

1) $$P_\nu q_\nu - p_\nu Q_\nu = 1$$

ist. Denn wenn $Pq - pQ = 1$ ist, so ist auch:

$$P(Q + q) - (P + p)Q = 1 \quad \text{und} \quad (P + p)q - p(Q + q) = 1;$$

werden also, was stets möglich ist, die beiden ersten Näherungswerte so gewählt, daß die Bedingung (1) für sie erfüllt ist, so ist sie auch für jedes folgende Paar von Näherungswerten erfüllt. In dem vorhergehenden Beispiel ist das in der Tat der Fall. Es ist dann:

2) $$\frac{P_\nu}{Q_\nu} - \frac{p_\nu}{q_\nu} = \frac{1}{Q_\nu q_\nu};$$

die erreichte Genauigkeit wird also bei diesem Verfahren durch einen Bruch gemessen, dessen Zähler $= 1$ und dessen Nenner gleich dem Produkt der Nenner der beiden letzten Näherungswerte ist.

§ 18. Gleichheit, Größer- und Kleinersein irrationaler Zahlen.

I. Haben wir auf zwei verschiedene Arten je einen Schnitt im Gebiete der rationalen Zahlen festgelegt:

1) $$\alpha = a \mid A, \qquad \beta = b \mid B,$$

und sind die so definierten Zahlen α, β irrational, so nennen wir α und β dann und nur dann einander *gleich*, wenn jedes a zugleich ein b und jedes A zugleich ein B ist. Es ist dann auch umgekehrt jedes b zugleich ein a und jedes B zugleich ein A.

Auch wenn man weiß, daß jedes a zugleich ein b und jedes b zugleich ein a ist, kann man auf Gleichheit von α und β schließen. Denn wenn jedes b ein a ist, kann kein A ein b sein; dann muß also jedes A ein B sein, da jede rationale Zahl nach Voraussetzung entweder ein b oder ein B ist.

II. Die durch den Schnitt $a \mid A$ definierte irrationale Zahl heißt *kleiner* als jedes A und *größer* als jedes a.

III. Sind zwei irrationale Zahlen $\alpha = a \mid A$ und $\beta = b \mid B$ ungleich, so muß es entweder ein a geben, das ein B ist, oder ein A, das ein b ist. (Beides zusammen kann nicht eintreten; denn das Bestehen der Gleichungen $a_1 = B_1$, $A_2 = b_2$ würde mit den vorausgesetzten Ungleichungen $a_1 < A_2$ und $B_1 > b_2$ im Widerspruch stehen.) Im ersteren Falle heißt α *größer* als β, im letzteren α *kleiner* als β.

IV. Für die so definierten Begriffe „gleich, kleiner, größer" gelten die Sätze von § 1. Von I bis III ist das sofort zu sehen. Was IV betrifft, so sei $\alpha = a \mid A$, $\beta = b \mid B$, $\gamma = c \mid C$; es gebe ein a, das ein B ist, nämlich a_1; und es gebe ein b, das ein C ist. Dann ist um so mehr jedes B ein C; also ist auch a_1 ein C; m. a. W. aus $\alpha > \beta$, $\beta > \gamma$ folgt $\alpha > \gamma$. Ähnlich kann man schließen, daß aus $\alpha > \beta$, $\beta = \gamma$ folgt $\alpha > \gamma$.

V. Eine irrationale Zahl heißt *positiv* oder *negativ*, je nachdem sie > 0 oder < 0 ist.

VI. Die beiden irrationalen Zahlen $\alpha = a \mid A$ und $\beta = b \mid B$ heißen zueinander *entgegengesetzt*:

$$\alpha = -\beta,$$

wenn jedes a zu einem B und jedes A zu einem b entgegengesetzt ist.

Unter dem absoluten Betrag einer positiven Irrationalzahl versteht man diese Zahl selbst, unter dem absoluten Betrag einer negativen Irrationalzahl die ihr entgegengesetzte positive Zahl.

Die Gesamtheit der rationalen und irrationalen Zahlen nennt man auch reelle Zahlen. Jeder reellen Zahl lassen wir umkehrbar eindeutig je einen Punkt der X- und der Y-Achse entsprechen.

§ 19. Darstellung rationaler und irrationaler Zahlen durch Dezimalbrüche.

Mit Hilfe der in § 18 eingeführten Bezeichnungen „größer, kleiner" kann die Definition von § 16 auch so ausgesprochen werden: *Eine reelle (insbesondre irrationale) Zahl α ist dann bestimmt, wenn von jeder rationalen Zahl bekannt ist, ob sie größer oder kleiner als α ist.*

Nun ist merkwürdig, daß jede (rationale oder irrationale) Zahl auch dann schon vollständig bestimmt ist, wenn nicht von allen rationalen Zahlen, sondern nur von gewissen unter ihnen eine solche Entscheidung vorliegt. Z. B. gilt das, wenn man nur die sogenannten *endlichen Dezimalbrüche* ins Auge faßt, d. h. diejenigen Brüche, die — wenn nötig, nach geeigneter Erweiterung oder Kürzung — so geschrieben werden können, daß sie eine Potenz von 10 zum Nenner haben; wie z. B. $1/2 = 5/10$ oder $3/40 = 75/1000$. (Die Schreibweise: 0,5, 0,075 für solche Brüche darf dabei hier wie schon in § 17 als bekannt vorausgesetzt werden.)

Um uns die Richtigkeit dieser Behauptung klar zu machen, wollen wir uns zunächst den Fall einer rationalen Zahl $\alpha = \frac{m}{n}$ überlegen, wobei wir von dem Unterfall, daß α selbst ein endlicher Dezimalbruch ist, offenbar von vornherein absehen dürfen. Nach dem in den Elementen gelehrten Verfahren können wir die Division von m durch n auf beliebig viele Dezimalstellen fortsetzen und beispielsweise schreiben:

$$\tfrac{41}{55} = 0{,}7454545\ldots$$

Der Sinn dieser Aussage ist dann folgender: jeder echte Dezimalbruch, dessen zwei erste Dezimalstellen 74 oder eine kleinere Zahl vorstellen, ist kleiner als $\frac{41}{55}$, jeder echte Dezimalbruch, dessen zwei erste Stellen 75 oder eine größere Zahl vorstellen, ist größer als $\frac{41}{55}$ usw. entsprechend für alle möglichen Dezimalstellen. Wir können so von jedem vorgelegten Dezimalbruch entscheiden, ob er größer oder kleiner als $\frac{41}{55}$ ist; wir brauchen dazu nur die genannte Entwicklung von $\frac{41}{55}$ so weit fortzusetzen, bis sich ein Unterschied zeigt.

Verfahren wir ebenso wie soeben mit $\frac{41}{55}$ mit einer beliebigen *rationalen* Zahl, so werden sich die Ziffern ebenfalls periodisch wiederholen. Denn die Division wird so eingerichtet, daß jeder Teilrest kleiner ist als der Divisor n. Nun gibt es aber doch nur eine endliche Anzahl positiver ganzer Zahlen, die kleiner sind als eine gegebene ganze Zahl; folglich muß spätestens nach $n-1$ Divisionen ein Rest auftreten, der vorher schon einmal da war. Von da an wiederholen sich die Reste und also auch die Teilquotienten in derselben Reihenfolge wieder, wie sie vorher schon da waren. Z. B.

$$\tfrac{3}{28} = 0{,}10714285714285\ldots$$

Wir schreiben dann wohl:

$$\tfrac{3}{28} = 0{,}10\overline{714285}$$

und nennen das so entstehende Gebilde einen periodischen unendlichen Dezimalbruch. Das Ergebnis unserer Überlegungen ist also zunächst, daß wir jede rationale Zahl durch einen solchen periodischen Dezimalbruch[1] darstellen können, in dem Sinne, wie es vorhin bei $\tfrac{41}{55}$ näher auseinandergesetzt wurde.

Nun ist wesentlich, daß die Beziehung zwischen einer rationalen Zahl und einem periodischen Dezimalbruch eine *gegenseitig* eindeutige ist, d. h.

erstens daß zu jeder rationalen Zahl nur ein periodischer Dezimalbruch[1] und

zweitens, daß zu jedem periodischen Dezimalbruch eine und nur eine rationale Zahl gehört. Das erstere ergibt sich aus der Vorschrift selbst, die eine ganz bestimmte Entwicklung liefert, wenn wir den Fall ausschließen, daß von einer bestimmten Stelle an alle folgenden Stellen durch Neunen ausgefüllt sind. (Dieser Fall ist deshalb auszuschließen, weil man statt einer *endlichen* Entwicklung wie $\tfrac{4}{25} = 0{,}16$ stets auch eine unendliche wie $0{,}15999\ldots$ schreiben darf.)

Um *zweitens* einzusehen, daß irgendein periodischer unendlicher Dezimalbruch durch die Entwickelung einer bestimmten rationalen Zahl gewonnen werden kann, betrachte man etwa den Dezimalbruch:

$$1)\qquad 0{,}4\,459\,459\,459\ldots$$

Es genügt die Behauptung für den Bruch

$$2)\qquad 0{,}459\,459\,459\ldots$$

zu erweisen; entsteht dieser nämlich durch die Entwicklung von $\frac{m}{n}$, so entsteht (1) offenbar durch die Entwicklung von $\frac{4}{10} + \frac{m}{10\,n}$. Nun ist aber

$$\frac{459}{999} = \frac{459}{1000} + \frac{459}{999\,000} = 0{,}459\,459 + \frac{459}{999\cdot 10^6}$$
$$= 0{,}459\,459\,459 + \frac{459}{999\cdot 10^9}\,.$$

[1] Dabei werden die endlichen Dezimalbrüche mit zu den periodischen gerechnet, ihre Periode besteht aus der Null.

Daraus schließt man:

$$0{,}459\,459\ldots = \frac{459}{999} = \frac{17}{37},$$

also

$$0{,}4\,459\,459\ldots = \frac{4}{10} + \frac{17}{370} = \frac{33}{74}.$$

In gleicher Weise findet man zu jedem anderen periodischen Dezimalbruch eine rationale Zahl $\frac{m}{n}$, die ihm gleich ist (vgl. a. § 39).

Daß aber nicht zwei verschiedene rationale Zahlen durch denselben Dezimalbruch dargestellt werden können, ergibt sich so: sind zwei rationale Zahlen gegeben, so kann man ihre Differenz bilden und dann eine Potenz von $\frac{1}{10}$ mit positivem Exponenten angeben, die kleiner als diese Differenz ist; von der dadurch bestimmten Dezimalstelle an müssen die Dezimalbruchentwicklungen der beiden Zahlen voneinander abweichen. Eine rationale Zahl ist also durch ihre periodische Dezimalbruchentwicklung vollständig bestimmt; m. a. W. sie ist bestimmt, sobald von jeder durch einen *endlichen* Dezimalbruch darstellbaren Zahl angegeben werden kann, ob sie kleiner oder größer als die gegebene Zahl ist; und damit ist die Richtigkeit der zu Beginn des Paragraphen aufgestellten Behauptung für jede rationale Zahl dargetan.

Wir können aber auch eine beliebige *irrationale* Zahl durch einen solchen unendlichen Dezimalbruch darstellen; nur wird er nicht mehr periodisch sein. Wir können ja durch das in § 17 in zweiter Linie gelehrte Verfahren eine Stelle eines solchen Dezimalbruchs nach der andern berechnen. Eine Irrationalzahl kann dann auch nur durch *einen* solchen Dezimalbruch dargestellt werden; und zwei verschiedene Irrationalzahlen nicht durch denselben Dezimalbruch. Denn zwischen zwei verschiedenen Irrationalzahlen $a \mid A = \alpha$ und $b \mid B = \beta > \alpha$ muß es nach § 18 noch rationale Zahlen geben; und zwar nicht bloß eine. Denn gäbe es nur eine, so wäre diese die größte unter den b und die kleinste unter den A, gegen die Voraussetzung, daß es unter den b keine größte und unter den A keine kleinste geben solle. Sind dann a_1, a_2 irgend zwei rationale Zahlen zwischen α und β, so kann man wie oben eine Zahl n finden von der Art, daß die Entwicklungen von a_1 und a_2 mindestens in der n^{ten} Stelle voneinander abweichen; dann müssen um so mehr die Entwicklungen von α und β spätestens in der n^{ten} Stelle voneinander abweichen.

Für die in § 16 definierte Irrationalzahl $\sqrt{2}$ fanden wir z. B.:

3) $$\sqrt{2} = 1{,}414\ldots$$

und es wäre möglich, wenn auch mühsam, nach dem dort beschriebenen Verfahren beliebig viele weitere Dezimalstellen zu bestimmen.

Die Beziehung zwischen den Irrationalzahlen und den nicht periodischen unendlichen Dezimalbrüchen ist also eine umkehrbar eindeutige. Man kann also schließlich sagen:

I. *Jeder nicht periodische unendliche Dezimalbruch ist eine Irrationalzahl und umgekehrt.*

Man hätte diesen Satz als Definition für die irrationalen Zahlen wählen können. Doch wäre dann die Definition der Rechenoperationen für die Irrationalzahlen umständlicher als im Anschluß an die DEDEKINDsche Definition des § 16.

Auf Grund von I kann man sehr leicht eine bedeutende Verallgemeinerung eines vorhin benutzten Satzes aussprechen:

II. *Zwischen zwei verschiedenen reellen Zahlen α, β liegen noch unendlich viele rationale und noch unendlich viele irrationale Zahlen; oder geometrisch ausgedrückt: auf jeder (noch so kleinen) Strecke gibt es unendlich viele rationale und unendlich viele irrationale Punkte.*

Denn zu zwei verschiedenen unendlichen Dezimalbrüchen α und $\beta > \alpha$ kann man leicht unendlich viele periodische wie auch unendlich viele unperiodische Dezimalbrüche bilden, die $> \alpha$ und $< \beta$ sind.

Ob eine durch einen Schnitt definierte Zahl α rational oder irrational ist, ist oft sehr schwer zu entscheiden. Wenn der Schnitt volltständig gegeben ist, muß es zwar für jede einzelne gegebene rationale Zahl r entscheidbar sein, ob $\alpha > r$ oder $\alpha < r$ oder $\alpha = r$ ist; da es aber unendlich viele rationale Zahlen gibt, ist es unmöglich, durch Prüfen aller r die Frage, ob einmal die Gleichung $\alpha = r$ gilt, zu beantworten. Auch das scheinbar so einfache Untersuchungsmerkmal, das Satz I an die Hand gibt, nützt in den meisten Fällen gar nichts. So könnten wir z. B. nach dem in § 17 angegebenen Verfahren $\sqrt{2}$ auf noch so viele Dezimalstellen berechnen, ohne aus dieser Rechnung allein schließen zu können, daß die Entwicklung nicht an einer noch späteren Stelle periodisch wird. Bei $\sqrt{2}$ gelang uns auf andere Weise der Irrationalitätsbeweis, d. h. der Nachweis, daß unter dem a keine größte, unter dem A keine kleinste Zahl vorhanden ist (er ergab sich aus der Unmöglichkeit einer Gleichung $2q^2 = p^2$ mit teilerfremden ganzen Zahlen p, q); aber so geht es im allgemeinen nicht.

§ 20. Addition und Subtraktion der Irrationalzahlen.

Haben wir zwei reelle Zahlen $\alpha = a | A$ und $\beta = b | B$, so können wir die Gesamtheit der rationalen Zahlen in der Weise in zwei Klassen zerlegen, daß wir in die eine Klasse c alle diejenigen Zahlen rechnen, die sich in der Form $a + b$ darstellen lassen, in die andere C alle übrigen. Wenn die Zahl c_1 zu den c gehört, so gehört auch jede noch kleinere Zahl c_2 zu den c; denn sei $c_1 = a_1 + b_1$, $c_2 = c_1 - d$, so ist auch $a_2 = a_1 - d$ ein a, also $c_2 = a_2 + b_1$ ein c. M. a. W. jedes c ist kleiner als jedes C. Die Einteilung $c | C$ erfüllt also alle Bedingungen eines Schnittes und bestimmt somit eine rationale oder irrationale Zahl γ.

Wir definieren die Summe $\alpha + \beta$ durch die Gleichung

$$\begin{aligned} \alpha + \beta &= \gamma \\ &= c | C \,. \end{aligned}$$

Dann haben wir vor allem zu zeigen: Wenn α und β beide rational sind, so stimmt diese Summendefinition mit der früheren überein: Es gehören dann nämlich zur Klasse C alle rationalen Zahlen $> \alpha + \beta$, denn eine solche Zahl kann (wegen der Monotonie der Addition) nicht $= a + b$ sein, da $a \leqq \alpha$, $b \leqq \beta$ ist. Andererseits gehört jede rationale Zahl r, die $< \alpha + \beta$ ist, zu c; denn ist $\alpha + \beta - r = r_1$ und setzt man $a_1 = \alpha - \frac{r_1}{2}$, $b_1 = \beta - \frac{r_1}{2}$, so sind a_1, b_1 rationale Zahlen der Klassen a, b; also ist $a_1 + b_1 = r$ eine Zahl von c. Somit ist für rationale α, β bewiesen, daß jede rationale Zahl, die $< \alpha + \beta$ ist, zu c, jede, die $> \alpha + \beta$ ist, zu C gehört; $c | C$ kann daher nur $= \alpha + \beta$ sein, w. z. b. w.

Wenn eine der Zahlen α, β, etwa α irrational, die andere rational ist, so ist die Summe $\gamma = \alpha + \beta$ irrational; denn wäre γ und β rational, so wäre auch die Summe $\alpha + \beta + (-\beta) = \alpha$[1] rational entgegen der gemachten Voraussetzung. Wenn aber α und β beide irrational sind, so ist sowohl möglich, daß $\alpha + \beta$ irrational ist, wie auch, daß $\alpha + \beta$ rational ist. In letzterem Falle gibt es unter den C eine kleinste rationale Zahl C_0 und es ist $C_0 = \gamma$; denn die noch denkbare Möglichkeit, daß γ die größte der Zahlen c wäre, ist ausgeschlossen. Man kann nämlich zeigen, daß unter den c keine größte ist. Denn nach Voraussetzung (α irrational) ist unter den a keine größte; ist also $c_1 = a_1 + b_1$, so kann man ein a_2 angeben, das größer als a_1 ist. Dann ist $c_2 = a_2 + b_1$ auch noch ein c und größer als c_1; c_1 ist also nicht das größte unter den c.

[1] Die Richtigkeit dieser Gleichung für beliebige reelle α, β ergibt sich aus den Überlegungen von S. 46.

Wir hätten übrigens die Summendefinition auch etwas anders fassen können: Wir können alle $A + B$ zu einer Klasse $\bar{C}$ zusammenfassen und alle anderen rationalen Zahlen in die zugehörige Klasse $\bar{c}$ und dann $\alpha + \beta$ durch die Gleichung $\alpha + \beta = \bar{c}|\bar{C}$ definieren. Die $\bar{C}$ müssen alle zu den C gehören; denn kein $A + B$ kann gleich einem $a + b$ sein, da jedes $A > a$ und jedes $B > b$, also auch $A + B > a + b$ ist. Gehören aber auch alle C zu den $\bar{C}$? Darauf ist die Antwort: *Es kann höchstens eine Zahl geben, die zu den C, aber nicht zu den $\bar{C}$ gehört.* Gäbe es nämlich zwei, C_1 und C_2, so wäre etwa $C_2 - C_1 = \varepsilon > 0$. Dann berechnen wir α und β jedes mit einer Genauigkeit $\varepsilon/2$, d. h. wir bestimmen ein a_1, ein A_1, ein b_1 und ein B_1 so, daß

$$A_1 - a_1 < \varepsilon/2\,, \qquad B_1 - b_1 < \varepsilon/2$$

ist. Dann wird die Differenz $(A_1 + B_1) - (a_1 + b_1) < \varepsilon$; $A_1 + B_1$ und jede größere Zahl gehört zu den $\bar{C}$, $a_1 + b_1$ und jede kleinere Zahl gehört zu den c. Das Intervall, in dem die Zahlen liegen, von denen noch nicht ausgemacht ist, ob sie zu den $\bar{C}$ oder den c oder vielleicht zu keiner von beiden Klassen gehören, ist dadurch unter ε herabgedrückt; es können ihm also die beiden Zahlen C_1 und C_2, deren Differenz ε ist, nicht beide angehören. Also kann es nicht zwei rationale Zahlen C_1 und C_2 geben, die zu den C, aber nicht zu den $\bar{C}$ gehören, sondern höchstens eine. Gibt es eine, so muß sie die kleinste unter den C, also die vorhin mit C_0 bezeichnete sein; gibt es keine, so sind die $\bar{C}$ mit den C identisch. Damit ist gezeigt: es ist stets $c|C = \bar{c}|\bar{C}$, d. h. die beiden Summendefinitionen sind im Grunde nicht verschieden. Die letzten Überlegungen zeigen auch: wenn α und β auf $\frac{\varepsilon}{2}$ genau bekannt sind, so kennt man $\gamma = \alpha + \beta$ auf ε genau, haben nämlich a_1, A_1, b_1, B_1 dieselbe Bedeutung wie vorhin, so ist $a_1 + b_1$ eine Zahl c_1 der Klasse c, $A_1 + B_1$ eine Zahl C_1 der Klasse C, es ist also

$$c_1 < \gamma\,, \quad C_1 \geqq \gamma \quad \text{und} \quad C_1 - c_1 < \varepsilon\,.$$

Daraus folgt weiter: Wenn r_1 und $r_2 < r_1$ irgend zwei rationale Zahlen sind, deren Differenz $r_1 - r_2 = \varepsilon$ sein möge und wenn man α und β wenigstens auf $\frac{\varepsilon}{2}$ genau kennt, so kann man mindestens bezüglich einer der beiden Zahlen r_1, r_2 (jedoch ohne die Wahl zu haben, bezüglich welcher von beiden) leicht entscheiden, ob sie zur Klasse c oder zur Klasse C gehört. Bildet man nämlich wie soeben c_1 und C_2, so fällt, da

$$C_1 - c_1 < r_1 - r_2$$

ist, mindestens eine der beiden Zahlen r_1, r_2 nicht zwischen c_1 und C_1; für diese Zahl r sind also die beiden Differenzen $r - C_1$, $r - c_1$ gleichbezeichnet, und je nachdem sie positiv oder negativ sind, gehört r zur Klasse C oder zur Klasse c.

Dagegen ist ausdrücklich hervorzuheben: Wir haben kein allgemein gültiges Mittel, um von einer einzelnen vorgelegten rationalen Zahl zu entscheiden, ob sie zu den c oder den C gehört. Der zu Anfang dieses Paragraphen definierte Schnitt $c|C$ ist daher nicht als vollständig gegeben in dem Sinne anzusehen, wie er im zweiten Abschnitt von § 17 verlangt wurde. Es bleibt uns gar nichts anderes übrig, als jetzt und künftig unsere Anforderungen an die Bestimmung einer reellen Zahl etwas herabzumindern: *wir wollen von jetzt an eine reelle Zahl schon dann als bestimmt ansehen, wenn wir die Mittel haben, um sie mit jeder verlangten Genauigkeit zu berechnen.* Bei dieser Auffassung, die sich für alle vorkommenden Fälle als ausreichend erweisen wird, kann auch die Summe zweier Irrationalzahlen als durch die zu Anfang dieses Paragraphen aufgestellte Definition bestimmt angesehen werden.

Nach dieser Herabsetzung unserer Ansprüche sind wir zwar immer noch in der Lage, eine wohldefinierte reelle Zahl α auf $1/10^n$ genau zu berechnen ($n = 1, 2, 3, 4 \ldots$), aber es gibt kein allgemein gültiges Verfahren, um eine vorgeschriebene Stelle des Dezimalbruchs für α mit Sicherheit zu bestimmen. Denn handelt es sich beispielsweise darum, ob an einer bestimmten Stelle eine 4 oder eine 5 steht, so kann man von vornherein gar nicht sagen, wie weit man rechnen muß, um zu entscheiden, ob es sich um eine 4 mit sehr vielen folgenden Neunen oder um eine 5 mit sehr vielen folgenden Nullen handelt; ja man braucht selbst bei beliebig langer Rechnung zu keiner Entscheidung zu kommen, nämlich dann, wenn, ohne daß man es von vornherein wüßte, α gleich einem endlichen Dezimalbruch mit der letzten Ziffer 5 ist. Wenn man beispielsweise den zur Basis 10 gehörigen Logarithmus einer ganzen Zahl (s. § 37) auf 7 Dezimalstellen genau berechnen will, so kann zwar der zuletzt erwähnte Fall nicht eintreten, denn der gesuchte Logarithmus ist eine irrationale Zahl (Beweis s. § 37). Dagegen muß der Rechner unter Umständen sehr lange arbeiten (und er weiß von vornherein gar nicht, wie lange), um zu entscheiden, ob die achte Stelle < 5 oder $\geqq 5$ ist, d. h. ob die siebente beim Abkürzen des Dezimalbruchs beizubehalten oder zu erhöhen ist.

Trotz der hervorgehobenen Schwierigkeiten werden wir die definierte Addition von Irrationalzahlen als *eindeutig bestimmt* und als *stets ausführbar* ansehen dürfen. Daß sie *kommutativ* ist, folgt daraus, daß jedes $a + b$ zugleich ein $b + a$ ist; ebenso folgt die *Assoziativität* daraus, daß jedes $(a + b) + c$ zugleich ein $a + (b + c)$ ist und umgekehrt. Um auch die *Monotonie* dieser Addition darzutun, bemerke man zunächst: wenn zwei irrationale Zahlen $\alpha = a \mid A$ und $\beta = b \mid B > \alpha$ gegeben sind, so gibt es, wie schon in § 19 bemerkt wurde, unendlich viele rationale Zahlen zwischen α und β. Seien $A_1 = b_1$ und $A_2 = b_2$ zwei davon, ihre Differenz $b_2 - b_1 = \varepsilon > 0$. Sollen dann $\alpha + \gamma$ und $\beta + \gamma$ miteinander verglichen werden, so berechne man γ mit einer Genauigkeit von ε, d. h. man bestimme ein c_1 und ein C_1 so, daß $C_1 - c_1 < \varepsilon$ wird. Dann ist $(c_1 + b_2) - (C_1 + A_1) = (b_2 - b_1) - (C_1 - c_1)$ positiv; es gibt also Zahlen, die zugleich $> \alpha + \gamma$ und $< \beta + \gamma$ sind, m. a. W. es ist $\beta + \gamma > \alpha + \gamma$, w. z. b. w. (Der Fall, daß γ rational ist, bietet keine Schwierigkeit; es ist dann z. B. $A_1 + \gamma$ eine Zahl, die $> \alpha + \gamma$ und $< \beta + \gamma$ ist. In ähnlicher Weise vereinfacht sich der geführte Beweis, wenn eine der Zahlen α, β rational ist.)

Alle fundamentalen Gesetze der Addition rationaler Zahlen gelten also auch für die irrationalen; daraus ergibt sich durch eine schon wiederholt angewandte Schlußweise, daß auch alle abgeleiteten Gesetze der Addition bestehen bleiben, z. B.

$$\alpha + 0 = \alpha,$$

denn für jedes a gilt: $a + 0 = a$. Das Nämliche gilt für die Gesetze der Subtraktion, wenn wir die Differenz $\alpha - \beta$ durch die Summe $\alpha + \bar{\beta}$ definieren, wo $\bar{\beta} = \bar{b} \mid \bar{B}$, die zu $\beta = b \mid B$ entgegengesetzte Zahl bedeutet (§ 18, VI); insbesondere gilt dann, wie es die ursprüngliche Definition der Subtraktion verlangt:

$$(\alpha - \beta) + \beta = (\alpha + \bar{\beta}) + \beta = \alpha + (\bar{\beta} + \beta) = \alpha + 0 = \alpha.$$

Die Summe zweier entgegengesetzter Zahlen $\beta + \bar{\beta}$ ist nämlich 0. Denn zu $\beta = b \mid B$ ist $\bar{\beta} = -B \mid -b$ entgegengesetzt. Jedes $b + \bar{b}$ ist daher ein $b - B$, also negativ, folglich kann $\beta + \bar{\beta}$ nicht positiv sein. Jedes $B + \bar{B}$ ist ein $B - b$, also positiv; folglich kann $\beta + \bar{\beta}$ nicht negativ sein. Also muß es 0 sein, w. z. b. w.

In ähnlicher Weise wie hier die Addition und Subtraktion der Irrationalzahlen könnten wir auch ihre Multiplikation und Division behandeln; wir ziehen es jedoch vor, die Definition dieser Operationen an eine andere Darstellung der Irrationalzahlen anzuknüpfen, die wir im nächsen Abschnitt kennen lernen wollen.

§ 21. Schnitte im Gebiete der reellen Zahlen. Verwendbarkeit der irrationalen Zahlen in der Geometrie.

Nachdem wir die negativen Zahlen und die Brüche eingeführt hatten, haben wir beides mal gezeigt, daß in dem erweiterten Zahlgebiete alle früheren Operationen nicht nur weiter möglich sind, sondern daß sogar gewisse vorherige Beschränkungen wegfallen. Auch die Schnittbildung im Gebiete der rationalen Zahlen können wir als eine Operation auffassen; solange wir noch keine irrationalen Zahlen hatten, hatte diese Operation freilich nur mit der Beschränkung einen Sinn, daß die Schnittzahl eine rationale sein mußte, ähnlich wie wir die negativen Zahlen durch zuvor als unmöglich betrachtete Differenzen erklärt haben, haben wir die irrationalen Zahlen durch Schnitte definiert, denen zuvor keine Zahl entsprach. Die Operationen der Addition und Subtraktion haben wir im vorigen Paragraphen auf das so erweiterte Zahlgebiet ausgedehnt; mit den Operationen des Multiplizierens und Dividierens soll das gleiche im nächsten Abschnitt geschehen, jetzt aber wollen wir zeigen, daß die Operation des Schnittbildens selbst in dem erweiterten Zahlgebiet ohne Einschränkung möglich ist.

Wir definieren ganz entsprechend wie in § 16:

I. *Unter einem Schnitt im Gebiet der **reellen** Zahlen verstehen wir eine Zerlegung dieses Gebiets in zwei Teile — Untergebiet* $\mathfrak{a}$ *und Obergebiet* $\mathfrak{A}$ *—, welche folgende beiden Eigenschaften hat:*

1. *Jede reelle Zahl gehört einem und nur einem dieser Gebiete an.*

2. *Jede Zahl des Untergebietes ist kleiner als jede Zahl des Obergebietes.*

Wir haben dann zu zeigen:

II. *Durch einen solchen Schnitt wird eindeutig eine reelle Zahl* α *definiert, die entweder die kleinste Zahl des Obergebietes oder die größte des Untergebietes ist.*

Nennt man die *rationalen* Zahlen des Obergebietes A, die des Untergebietes a, so wird durch den Schnitt $a \mid A$ im Gebiet der rationalen Zahlen eine rationale oder irrationale Zahl α definiert, die entweder eine Zahl $\mathfrak{a}$ des Untergebiets oder eine Zahl $\mathfrak{A}$ des Obergebietes ist. Es genügt offenbar, eine dieser Möglichkeiten weiter zu betrachten, etwa die erste, und dann zu zeigen: α ist die größte der Zahlen $\mathfrak{a}$, und unter den Zahlen $\mathfrak{A}$ gibt es keine kleinste. Gäbe es nämlich unter den $\mathfrak{a}$ eine Zahl $> \alpha$, so gäbe es unter ihnen auch rationale Zahlen $a > \alpha$ (§ 19) im Widerspruch mit

§ 18, II; gäbe es aber unter den $\mathfrak{A}$ eine kleinste Zahl β, so gäbe es rationale Zahlen a zwischen α und β, was den nämlichen Widerspruch wie vorher mit § 18, II bedeutet.

Der somit bewiesene Satz besagt geometrisch:

Wenn wir jeder reellen Zahl einen Punkt auf der X-Achse zuordnen und umgekehrt, so ist das Axiom der Lückenlosigkeit erfüllt.

Nun könnte man immer noch fragen, ob sich nicht im weiteren Verlauf der Geometrie das Bedürfnis einstellt, nochmals neue Punkte einzuführen, die sich nicht unter den den reellen Zahlen zugeordneten finden, und mit ihnen zugleich neue Zahlen, wenn anders wir an der Forderung von S. 2/3 festhalten wollen. Die Antwort lautet: *Das ist nicht nur unnötig, es ist sogar unmöglich, falls man alle sonst in der Elementargeometrie üblichen Grundsätze beibehalten will.*

Den zuletzt ausgesprochenen Satz beweisen wir hier nicht, das ist Sache der Geometrie; überhaupt betrachten wir den Teil unserer Aufgabe, der die Bereitstellung der für die geometrischen Messungen nötigen Zahlen betraf, als im wesentlichen erledigt, nur an einzelnen Stellen weisen wir noch ausdrücklich auf die geometrische Deutung hin, an anderer überlassen wir sie ohne besonderen Hinweis dem Leser. Die weiteren Abschnitte (vom fünften ab) sind dann vornehmlich der Vorbereitung und Durchführung der Aufgabe gewidmet zu zeigen (und zwar an elementaren Fragen und Problemen, wie sie, wenn auch meist nur unvollständig, schon auf den Schulen behandelt werden), daß unser Zahlensystem mit seinen auf den ersten Blick vielleicht etwas gekünstelt anmutenden Begriffen und Definitionen die notwendige sichere Grundlage bildet für jeden weiteren Schritt im Gebiete der Arithmetik und Analysis.

VIERTER ABSCHNITT.

Der Begriff des Grenzwerts. Multiplikation und Division irrationaler Zahlen.

§ 22. Darstellung einer Irrationalzahl durch eine konvergente Zahlenfolge; das allgemeine Konvergenzprinzip.

In § 17 haben wir jeder durch einen Schnitt im Gebiete der rationalen Zahlen definierten Irrationalzahl α eine unbegrenzte Folge rationaler Zahlen $c_0, c_1, c_2, \ldots, c_n, c_{n+1}, \ldots$ von folgender Eigenschaft zugeordnet (es waren dort die c_n die endlichen Dezimalbrüche, die durch Abbrechen des unendlichen Dezimalbruchs für α entstehen): wenn wir in dieser Folge nur hinlänglich weit vorgegangen sind, weichen die noch folgenden Zahlen c_{n+p} ($p = 1, 2, 3, \ldots$) von der letzten berechneten Zahl c_n der Folge beliebig wenig ab. Wir wollen nun zeigen, daß umgekehrt durch jede Zahlenfolge, welche diese Eigenschaft besitzt, gleichviel, ob die c_n rational sind oder nicht, ein Schnitt und damit eine rationale oder eine irrationale Zahl festgelegt ist.

Eine unendliche Zahlenfolge ist als gegeben anzusehen, wenn irgendein Gesetz vorliegt, nach welchem jedes c_n berechnet werden kann, sei es nun, daß ein „independenter" Ausdruck für das allgemeine Glied c_n der Folge in seiner Abhängigkeit vom Index n gegeben ist, oder ein „Rekursionsgesetz", vermöge dessen jedes Glied der Folge aus den vorhergehenden berechnet werden kann.

Wir beginnen mit folgender Definition

I. *Wenn eine Folge von Zahlen*

1) $$c_0, c_1, c_2, \ldots$$

zu einer bestimmten Zahl α in solcher Beziehung steht, daß man zu jeder gegebenen (noch so kleinen) positiven Zahl ε eine ganze Zahl n so bestimmen kann, daß

2) $$|\alpha - c_{n+p}| < \varepsilon ,$$

wird für jedes ganzzahlige $p \geqq 0$, so sagt man: „die Folge der c_n konvergiert gegen den Grenzwert (Limes) α" oder: sie konvergiert und besitzt den Grenzwert α und schreibt:

3) $$\lim_{n\to\infty} c_n = \alpha \quad \text{(auch wohl } \mathop{\mathrm{L}}_{n\to\infty} c_n = \alpha).$$

Nach dieser Definition ist es für das Zustandekommen der Gleichung (3) völlig unerheblich, wenn wir von den $c_0, c_1, c_2, \ldots$ eine endliche Anzahl weglassen; so folgt aus (2), daß auch die Folge

4) $$c_k, c_{k+1}, c_{k+2}, \ldots$$

den Grenzwert α besitzt, wenn k irgendeine ganze Zahl $\geqq 0$ ist. Man darf in der Folge (1) sogar unendlich viele der c_ν weglassen, wenn nur auch unendlich viele noch übrig blieben. So hat z. B. die Folge

$$c_0, c_2, c_4, c_6, \ldots,$$

wenn (2) gilt, ebenfalls den Grenzwert α.

Wir zeigen vor allem, daß nicht zwei verschiedene Zahlen α, β, deren Differenz $\alpha - \beta = \delta > 0$ sein möge, als Grenzwerte einer und derselben Folge auftreten können.

Hätte nämlich die Folge $c_0, c_1, c_2, \ldots$ sowohl α als auch β zum Limes, so könnte man nach (2) eine ganze Zahl m finden, derart, daß

$$|\alpha - c_m| < \frac{\delta}{2} \quad \text{und} \quad |\beta - c_m| < \frac{\delta}{2}$$

wäre; daraus würde dann folgen

$$\begin{aligned} \alpha - \beta &= (\alpha - c_m) - (\beta - c_m) \\ &\leqq |\alpha - c_m| + |\beta - c_m| \quad (\S\ 10 \text{ a. E.}), \\ &< \delta, \end{aligned}$$

entgegen der Voraussetzung $\alpha - \beta = \delta$.

Danach können wir den folgenden Satz aussprechen, der für unsere weiteren Betrachtungen von grundlegender Bedeutung ist:

II. *Die notwendige und hinreichende Bedingung dafür, daß die Folge reeller Zahlen $c_0, c_1, c_2, \ldots$ (gegen einen Grenzwert α) konvergiert, lautet:*

Zu jeder gegebenen (noch so kleinen) positiven Zahl η läßt sich eine ganze Zahl n so bestimmen, daß

5) $$|c_{n+p} - c_n| < \eta$$

wird für jedes ganzzahlige $p \geqq 0$.

Die Bedingung ist *notwendig*; denn gilt (2) mit $\varepsilon = \frac{\eta}{2}$, so folgt daraus, daß

$$\begin{aligned} |c_{n+p} - c_n| &= |(\alpha - c_n) - (\alpha - c_{n+p})| \\ &\leqq |\alpha - c_n| + |\alpha - c_{n+p}| \\ &< \eta \end{aligned}$$

sein muß.

Sie ist aber auch *hinreichend*; um dies einzusehen, ziehen wir zunächst aus (5) die Folgerung:

6) $$|c_r - c_s| < 2\eta \text{ für alle ganzen Zahlen } r, s \geqq n,$$

denn es ist

$$\begin{aligned} |c_r - c_s| &= |(c_r - c_n) - (c_s - c_n)| \\ &\leqq |c_r - c_n| + |c_s - c_n| \\ &< 2\eta \text{ wegen (5)}. \end{aligned}$$

Sodann teilen wir die *reellen* Zahlen folgendermaßen in zwei Klassen a, A: Zur ersten Klasse rechnen wir alle Zahlen a von der Beschaffenheit, daß sich eine ganze Zahl m angeben läßt, von der an

$$c_{m+p} - a > 0 \quad (\text{für alle } p \geqq 0)$$

gilt. Zur zweiten Klasse A rechnen wir alle übrigen Zahlen. Es ist klar, daß es Zahlen a wirklich gibt; aus Voraussetzung (5) ergibt sich z. B., daß $c_n - \eta$ eine Zahl a ist; denn es ist für $p \geqq 0$:

$$c_{n+p} - (c_n - \eta) = \eta - (c_n - c_{n+p}) \geqq \eta - |c_n - c_{n+p}| > 0.$$

Auch ist klar, daß jede Zahl A größer als jede Zahl a ist. Durch den Schnitt $a \mid A$ wird eine bestimmte reelle Zahl α definiert. Nun bemerke man zweierlei:

a) wenn $\varepsilon > 0$ beliebig gegeben ist, so gibt es nur eine endliche Anzahl unter den c_ν, die $< \alpha - \frac{\varepsilon}{2}$ sind; denn $\alpha - \frac{\varepsilon}{2}$ ist ja eine Zahl a;

b) es gibt unendlich viele c_ν, die $< \alpha + \frac{\varepsilon}{2}$ sind; denn $\alpha + \frac{\varepsilon}{2}$ ist keine Zahl a.

Wir wählen in der Voraussetzung (5) $\eta = \frac{\varepsilon}{4}$; dann sei s ein Index $> n$, für welchen die zwei Ungleichungen

7) $\quad c_s < \alpha + \frac{\varepsilon}{2}$ (auf Grund von b) und $c_s > \alpha - \frac{\varepsilon}{2}$ (wegen a)

gelten; n habe dabei und im folgenden die gleiche Bedeutung wie in (5) $\left(\text{mit } \eta = \frac{\varepsilon}{4}\right)$. Dann ist

$$\begin{aligned} |\alpha - c_{n+p}| &= |(\alpha - c_s) + (c_s - c_{n+p})| \\ &\leqq |\alpha - c_s| + |c_s - c_{n+p}| \\ &< \frac{\varepsilon}{2} + \frac{\varepsilon}{2} \quad \text{(wegen (7) und (6)).} \end{aligned}$$

Es gibt somit wirklich zu jedem $\varepsilon > 0$ eine ganze Zahl n, von der ab Ungleichung (2) erfüllt ist, w. z. b. w.

Man nennt Satz II auch das *allgemeine Konvergenzprinzip*. G. Cantor *definierte* die Irrationalzahlen durch Folgen rationaler Zahlen $c_0, c_1, c_2, \ldots$, welche die Konvergenzbedingung (5) erfüllen (und nicht gerade einen rationalen Grenzwert besitzen). Daß zu jedem Schnitt eine reelle Zahl gehört, ist dann ein beweisbarer Lehrsatz. Ähnlich wie Cantor verfuhr Weierstrass bei seiner Definition der Irrationalzahlen.

Da man jede reelle Zahl ebensogut durch einen Grenzwert wie mittels eines Schnittes definieren kann, sind die Operationen des Schnittbildens und des Grenzübergangs gleichbedeutend.

§ 23. Beispiele.

I. Sind die Zahlen c_n alle einem und demselben Wert c gleich, so bilden sie eine konvergente Zahlenfolge und ihr Grenzwert ist c.

Denn dann sind die Ungleichungen (2) und (5) von § 22 für jeden Wert von n erfüllt.

II. Die Zahlenfolge:

$$c_0 = 0, \quad c_1 = 0{,}3, \quad c_2 = 0{,}33, \quad c_3 = 0{,}333, \quad c_4 = 0{,}3333, \ldots$$

ist konvergent; denn die Differenz zwischen c_n und irgendeiner späteren Zahl der Folge ist absolut kleiner als eine Einheit der n^{ten} Stelle nach dem Dezimalkomma, kann also unter jede Grenze herabgedrückt werden, wenn man nur n hinlänglich groß nimmt. Nach dem allgemeinen Konvergenzprinzip muß diese Folge daher gegen einen ganz bestimmten Grenzwert konvergieren; und zwar ist im vorliegenden Fall leicht einzusehen, daß dieser Grenzwert gleich der rationalen Zahl 1/3 ist. Denn es ist:

$$\tfrac{1}{3} - c_0 = \tfrac{1}{3}, \; \tfrac{1}{3} - c_1 = \tfrac{1}{30}, \; \tfrac{1}{3} - c_2 = \tfrac{1}{300}, \; \ldots \; \tfrac{1}{3} - c_n = 1/(3 \cdot 10^n);$$

ist also eine Genauigkeitsgrenze ε vorgelegt und wird n so groß genommen, daß $1/(3 \cdot 10^n) < \varepsilon$ ist, so ist auch die Differenz $\frac{1}{3} - c_{n+p}$ für alle positiven p absolut kleiner als ε; und daß es möglich ist, das für jedes ε zu erreichen, das ist eben der Inhalt der Behauptung, die Folge konvergiere gegen $\frac{1}{3}$.

In derselben Weise kann jeder unendliche Dezimalbruch (§ 19) als konvergente Zahlenfolge aufgefaßt werden.

III. In dem eben betrachteten Beispiele waren die c_n durch ein independentes Gesetz gegeben; ein Beispiel, in dem zunächst nur eine Rekursionsformel vorliegt, ist das folgende: es sei

$$c_0 = 0, \; c_1 = 1 \text{ und allgemein } c_{n+1} = \tfrac{1}{2}(c_n + c_{n-1}),$$

d. h. jede Zahl der Folge das arithmetische Mittel aus den beiden unmittelbar vorhergehenden. Es wird dann:

$$\begin{aligned} c_2 &= 0{,}5, & c_3 &= 0{,}75, \\ c_4 &= 0{,}625, & c_5 &= 0{,}6875, \\ c_6 &= 0{,}6562, & c_7 &= 0{,}6718, \\ c_8 &= 0{,}6640, & c_9 &= 0{,}6679, \\ c_{10} &= 0{,}6659, & c_{11} &= 0{,}6669. \end{aligned}$$

(Wenn man, wie hier geschehen, mit Dezimalbrüchen rechnet und dabei mit einer bestimmten Stelle — hier der vierten — abbricht, so muß man sich überlegen, welchen Einfluß die dadurch eingeführten Vernachlässigungen auf das Endergebnis haben. Im vorliegenden Fall tritt bei der Berechnung von c_{n+1} ungünstigstenfalls ein Fehler auf, der sich zusammensetzt aus der Hälfte des Fehlers von c_n, der Hälfte des Fehlers von c_{n-1} und dem durch das Abbrechen der

Division mit 2 hervorgebrachten Fehler, der eine halbe Einheit der letzten Stelle betragen kann. Verfolgt man das Schritt für Schritt, so findet man, daß hier c_{11} um mehr als zwei Einheiten der letzten Stelle unsicher ist. Wollte man c_{11} auf $\frac{1}{10000}$ genau haben, so müßte man die Rechnung mit einer Dezimalstelle mehr durchführen.)

Daß diese Zahlenfolge konvergent ist, kann man folgendermaßen einsehen: Es ist $c_1 - c_0 = 1$, $c_1 - c_2 = \frac{1}{2}$, $c_3 - c_2 = \frac{1}{4}$, ..., allgemein

1) $$c_{n+1} - c_n = \tfrac{1}{2}(c_{n-1} - c_n);$$

hieraus ergibt sich durch den Schluß von n auf $n + 1$, daß allgemein für $n = 1, 2, 3, \ldots$

2) $$c_{n+1} - c_n = (-\tfrac{1}{2})^n$$

ist. Ferner liegt c_{n+1} zwischen c_n und c_{n-1}, und c_n zwischen c_{n-1} und c_{n-2}; also liegt auch c_{n+1} zwischen c_{n-1} und c_{n-2} usw.; m. a. W. zwischen irgend zwei aufeinander folgenden Gliedern der Folge sind alle späteren eingeschlossen. Es ist also:

3) $$|c_{n+p} - c_n| \leqq (\tfrac{1}{2})^n \text{ für } p = 1, 2, 3, \ldots$$

Ist dann irgendeine Zahl ε gegeben, so kann man die ganze Zahl n immer so bestimmen, daß $(\frac{1}{2})^n < \varepsilon$ wird; dann wird:

$$|c_{n+p} - c_n| < \varepsilon.$$

Damit ist gezeigt, daß die Folge konvergent ist; sie muß also einen ganz bestimmten Grenzwert besitzen.

Daß dieser Grenzwert gleich der rationalen Zahl $\frac{2}{3}$ ist, ergibt sich wie folgt: Es ist:

4) $$\left\{\begin{aligned} c_{n+1} &= (c_{n+1} - c_n) + (c_n - c_{n-1}) + (c_{n-1} - c_{n-2}) + \ldots + (c_2 - c_1) + (c_1 - c_0) + c_0 \\ &= (-\tfrac{1}{2})^n + (-\tfrac{1}{2})^{n-1} + (-\tfrac{1}{2})^{n-2} + \ldots + (-\tfrac{1}{2})^1 + 1 \quad \text{(wegen (2))} \\ &= \frac{(-\frac{1}{2})^{n+1} - 1}{-\frac{1}{2} - 1} \quad \text{(vgl. § 29)} \\ &= \tfrac{2}{3} - \tfrac{2}{3}(-\tfrac{1}{2})^{n+1}, \end{aligned}\right.$$

also

$$|\tfrac{2}{3} - c_{n+p}| < (\tfrac{1}{2})^{n+1} \quad \text{für} \quad p = 1, 2, 3, \ldots$$

Da der rechts stehende Bruch durch passende Wahl von n so klein gemacht werden kann, als verlangt wird, so folgt:

5) $$\lim_{n \to \infty} c_n = \tfrac{2}{3},$$

w. z. b. w.

IV. Verwandt mit diesem Beispiele ist das folgende: es sei wieder

$$c_0 = 0\,, \qquad c_1 = \tfrac{1}{1}\,;$$

sodann gelte für $n \geqq 1$ die Rekursionsformel

6) $$c_{n+1} = \frac{1}{1 + c_n}$$

oder, wenn $c_n = \frac{Z_n}{N_n}$ gesetzt wird ($Z_1 = N_1 = 1$):

$$\frac{Z_{n+1}}{N_{n+1}} = \frac{N_n}{N_n + Z_n}\,,$$

also

$$Z_{n+1} = N_n\,, \qquad N_{n+1} = N_n + Z_n$$

oder

7) $$Z_{n+1} = Z_{n-1} + Z_n\,, \qquad N_{n+1} = N_{n-1} + N_n\,.$$

Aus Formel (7) findet man einerseits

$$c_2 = \tfrac{1}{2}, \quad c_3 = \tfrac{2}{3}, \quad c_4 = \tfrac{3}{5}, \quad c_5 = \tfrac{5}{8}, \quad c_6 = \tfrac{8}{13}, \quad c_7 = \tfrac{13}{21}, \quad \ldots$$

andererseits

8) $$\begin{cases} N_n Z_{n+1} - Z_n N_{n+1} = -(N_{n-1} Z_n - Z_{n-1} N_n), \text{ also} \\ \qquad = (N_{n-2} Z_{n-1} - Z_{n-2} N_{n-1}) = \ldots \\ \qquad = (-1)^{n-1}(N_1 Z_2 - Z_1 N_2) = (-1)^n\,. \end{cases}$$

Danach ist

9) $$c_{n+1} - c_n = \frac{(-1)^n}{N_n N_{n+1}}\,.$$

Nun ist jedenfalls $N_n \geqq n$, also:

10) $$|c_{n+1} - c_n| \leqq \frac{1}{n^2}\,.$$

Die Formel (9) zeigt ferner, daß die beiden Differenzen $c_{n+1} - c_n$ und $c_n - c_{n-1}$ entgegengesetzte Zeichen haben; und eine einfache Rechnung lehrt, daß die Differenz $c_{n+1} - c_{n-1}$ dasselbe Zeichen hat wie $c_n - c_{n-1}$. (Es ist nämlich:

11) $$\begin{cases} c_{n+1} - c_{n-1} = \dfrac{Z_{n-1} + Z_n}{N_{n-1} + N_n} - \dfrac{Z_{n-1}}{N_{n-1}} = \dfrac{Z_n N_{n-1} - Z_{n-1} N_n}{N_{n+1} N_{n-1}} = \dfrac{N_n}{N_{n+1}}\left(\dfrac{Z_n}{N_n} - \dfrac{Z_{n-1}}{N_{n-1}}\right) \\ \qquad = \dfrac{N_n}{N_{n+1}}(c_n - c_{n-1}) \end{cases}$$

und der Faktor N_n/N_{n+1} ist positiv). Aus (11) folgt, daß c_{n+1} zwischen c_{n-1} und c_n liegt, und weiter, daß zwischen irgend zwei aufeinander folgenden Gliedern der Folge alle späteren eingeschlossen sind, d. h. es ist für $p = 1, 2, 3, \ldots$ $|c_{n+p} - c_n| \leqq |c_{n+1} - c_n| < \frac{1}{n^2}$. Damit ergibt sich, daß die Folge konvergent ist. Der Grenzwert c ist aber diesmal eine irrationale Zahl, wie allerdings hier noch nicht bewiesen werden kann.[1] Soll sie auf drei Dezimalstellen genau berechnet werden, so brauchen wir nach der soeben vorgenommenen Abschätzung höchstens bis c_{32} zu gehen; tatsächlich ist das nicht einmal erforderlich, denn man hat:

$$\begin{aligned} c_1 &= 1\,, & c_2 &= 0{,}5\,, \\ c_3 &= 0{,}667\,, & c_4 &= 0{,}6\,, \\ c_5 &= 0{,}625\,, & c_6 &= 0{,}6153\,, \\ c_7 &= 0{,}6196\,, & c_8 &= 0{,}6176\,, \\ c_9 &= 0{,}6182\,, & c_{10} &= 0{,}6179\,. \end{aligned}$$

Es ist also auf drei Dezimalstellen genau:

12) $$c = \lim_{n \to \infty} c_n = 0{\cdot}618\,.$$

(In Fällen, wie der hier vorliegende, in denen die Näherungswerte abwechselnd kleiner und größer sind, als der Grenzwert, zeigt die Rechnung selbst, wie weit man gehen muß, um eine vorgeschriebene Genauigkeit zu erreichen. Dabei ist es der Sicherheit halber zweckmäßig, so wie hier geschehen, die kleineren Näherungswerte nach unten, die größeren nach oben abzurunden.)

§ 24. Rechnen mit Grenzwerten.

Die Darstellung einer irrationalen Zahl (oder auch einer rationalen) als Grenzwert einer konvergenten Zahlenfolge ist häufig das bequemste Mittel, um die Zahl in die Rechnung einzuführen. Einige Sätze, von denen man dabei Gebrauch zu machen hat, mögen zunächst angeführt werden.

I. *Sind zwei Zahlen als Grenzwerte konvergenter Zahlenfolgen gegeben:*

1) $$\alpha = \lim_{n \to \infty} a_n\,, \qquad \beta = \lim_{n \to \infty} b_n\,,$$

so kann man zu jeder Genauigkeitsgrenze ε *einen Wert des Index* n *so bestimmen, daß die Ungleichungen:*

2) $$|a_{n+p} - \alpha| < \varepsilon\,, \qquad |b_{n+p} - \beta| < \varepsilon$$

für jeden positiven Wert von p *bestehen.*

---

[1] Mit Benutzung der zu Anfang des § 28 zusammengestellten Formeln findet man aus (6): $c = \frac{1}{1+c}$, also $c^2 + c = 1$ oder $\left(c + \frac{1}{2}\right)^2 = \frac{5}{4}$. Man schließt nun so: Wäre c rational, dann gäbe es eine rationale Zahl, deren Quadrat gleich 5 wäre. Daß es aber eine solche rationale Zahl nicht gibt, beweist man nach dem Vorbild des S. 30/31 für 2 statt 5 geführten Beweises.

Man kann nämlich dann wegen der in den Gleichungen (1) liegenden Voraussetzungen eine Zahl k so bestimmen, daß:

3) $$|a_{k+r} - \alpha| < \varepsilon$$

wird für alle positiven r, uud eine Zahl l so, daß:

4) $$|a_{l+s} - \alpha| < \varepsilon$$

wird für alle positiven s. Sind dann k und l einander gleich, so erfüllt ihr gemeinsamer Wert, für n genommen, die Ungleichungen (2); ist aber z. B. $k > l$, so nehme man $n = k$. Dann sind alle Zahlen der Form $n + p$ zugleich in jeder der beiden Formen $k + r$, $l + s$ (p, r, s positiv) enthalten; die Ungleichungen (2) gelten also dann, sobald die Ungleichungen (3) und (4) gelten.

Der Satz läßt sich durch wiederholte Anwendung auf jede *endliche* Anzahl von Grenzwerten übertragen; dagegen braucht er nicht zu gelten, wenn man mit einer unendlichen Anzahl von Grenzwerten zu tun hat. Unter einer unendlichen Anzahl von Zahlen $k, l, \ldots$ braucht nämlich keine größte vorhanden zu sein.

II. *Sind zwei Zahlen als Grenzwerte konvergenter Zahlenfolgen gegeben und ist $\alpha > \beta$, so kann man stets einen solchen Wert des Index n angeben, daß jedes a_{n+p} größer ist als jedes b_{n+q} für alle positiven Werte von p und q.*

Denn sei $\alpha - \beta = d$, so bestimme man, was nach Satz I möglich ist, n etwa so, daß die Ungleichungen:

$$|a_{n+p} - \alpha| < \frac{d}{3}, \qquad |b_{n+q} - \beta| < \frac{d}{3}$$

für alle positiven Werte von p und q bestehen. Dann folgt

$$\begin{aligned} a_{n+p} - b_{n+q} &= (\alpha - \beta) - (\alpha - a_{n+p}) - (b_{n+q} - \beta) \\ &\geqq \alpha - \beta - |\alpha - a_{n+p}| - |b_{n+q} - \beta \\ &> d - \frac{d}{3} - \frac{d}{3}, \end{aligned}$$

also

5) $$a_{n+p} - b_{n+q} > \frac{d}{3}.$$

Zusatz: Insbesondere ergibt sich im Falle wo alle b_n einander gleich und gleich β sind

$$a_{n+p} - \beta > \frac{d}{3}.$$

Es ist also, wenn m irgend eine Zahl $< \alpha$ $(= \lim_{n \to \infty} a_n)$ und M irgend eine Zahl $> \alpha$ ist, von einem gewissen n ab

5') $$a_{n+p} < M, \qquad a_{n+p} > m.$$

Aus dem Satz II folgt weiter:

III. *Ist* (wenigstens von einem bestimmten Wert des Index an) *stets* $a_n < b_n$, *und existieren die beiden Grenzwerte (1), so ist:*

6) $$\alpha \leqq \beta\,,$$

m. a. W.: eine Ungleichung kann in der Grenze zwar in eine Gleichung, aber nicht in die entgegengesetzte Ungleichung übergehen.

IV. *Ist* (wenigstens von einen bestimmten Wert des Index n an)

$$a_n < c_n < b_n\,,$$

dagegen:

$$\lim_{n\to\infty} a_n = \lim_{n\to\infty} b_n\,,$$

so existiert auch der Grenzwert $\lim\limits_{n\to\infty} c_n$ *und ist den beiden andern gleich.* Ist nämlich n nach Satz I so bestimmt, daß die Ungleichungen (2) bestehen, m. a. W., daß jede der Zahlen a_{n+p}, b_{n+p} um weniger als ε von $\alpha = \beta$ entfernt ist, so folgt, daß auch c_{n+p}, das nach Voraussetzung zwischen a_{n+p} und b_{n+p} liegt, von α um weniger als ε entfernt ist; und da das für jeden positiven Wert von p gilt, so ergibt sich die Richtigkeit der Behauptung.

Ausdrücklich sei darauf aufmerksam gemacht, daß in Satz III die Existenz der beiden Grenzwerte vorausgesetzt, in Satz IV dagegen zwar die der Grenzwerte α und β auch vorausgesetzt, die von $\lim\limits_{n\to\infty} c_n$ aber bewiesen wird.

V. *Der Grenzwert einer Summe ist gleich der Summe der Grenzwerte der einzelnen Summanden;* m. a. W.: ist $\lim\limits_{n\to\infty} a_n = \alpha$, $\lim\limits_{n\to\infty} b_n = \beta$, so bilden auch die Zahlen $(a_n + b_n)$ eine konvergente Zahlenfolge, und es ist:

7) $$\lim_{n\to\infty}(a_n + b_n) = \alpha + \beta\,.$$

Denn nach Voraussetzung kann man n zu jedem gegebenen ε so bestimmen, daß:

$$|a_{n+p} - \alpha| < \frac{\varepsilon}{2}\,, \qquad b_{n+p} - \beta < \frac{\varepsilon}{2}\,,\,.$$

also:

$$|(a_{n+p} + b_{n+p}) - (\alpha + \beta)| < \varepsilon$$

wird für jedes positive p.

VI. *Der entsprechende Satz für den Grenzwert einer Differenz* wird ebenso bewiesen.

Insbesondere ergibt sich in dem Falle, wo alle b_n einander gleich und gleich β sind:

7') $$\lim_{n\to\infty}(a_n \pm \beta) = (\lim_{n\to\infty} a_n) \pm \beta\,,$$

Bemerkt sei noch, daß jeder der beiden letzten Sätze *zwei Behauptungen* enthält: einmal die Behauptung, daß unter den getroffenen Annahmen der Grenzwert der Summe und Differenz überhaupt *existiert*, d. h. daß die $(a_n + b_n)$ und die $(a_n - b_n)$ eine konvergente Zahlenfolge bilden; dann die Behauptung, daß diese Grenzwerte die *angegebenen Werte* haben.

§ 25. Aufsteigende Zahlenfolgen.

Für viele Untersuchungen ist folgender Satz wichtig:

I. *Eine unendliche Zahlenfolge ist stets konvergent, wenn ihre Glieder fortwährend wachsen, ohne jedoch ins Unendliche zu wachsen.*

Oder vollständiger ausgedrückt:

Wenn von unendlich vielen Zahlen $c_0, c_1, c_2, \ldots$ jede größer als die vorhergehende ist, wenn aber eine Zahl M existiert, die jedes der c_n übertrifft, dann bilden die c_n eine konvergente Zahlenfolge.

Wir können nämlich dann die Gesamtheit der *reellen* Zahlen folgendermaßen in zwei Klassen, a, A, teilen: wir rechnen eine Zahl zu den a, wenn sie von einem der c_n (und also auch von allen folgenden) übertroffen wird, dagegen zu den A, wenn sie die sämtlichen c_n übertrifft. Da es ein Drittes nicht gibt, muß jede reelle Zahl zu der einen oder anderen dieser beiden Klassen gehören; freilich besitzen wir kein Mittel, um von jeder vorgelegten Zahl mit Sicherheit zu entscheiden, ob sie zu der einen oder zu der anderen Klasse gehört. Finden wir nach einigen Versuchen ein c_n, das größer ist als die vorgelegte Zahl, so gehört diese zu den a; finden wir aber unter den ersten c_n keines, das größer als die vorgelegte Zahl wäre, so können wir nicht wissen, ob nicht etwa unter den noch folgenden c_n ein solches ist. Um die Entscheidung endgültig herbeizuführen, müßten wir die sämtlichen c_n durchprobieren, d. h. unendlich viele Rechnungen anstellen, was doch nicht ausführbar ist. Trotzdem dürfen wir die angegebene Zerlegung als wenigstens in der Idee vollständig bestimmt ansehen. Der Schnitt $a|A$ bestimmt eine Zahl α und zwar ist α die kleinste der Zahlen A. Denn unter den a ist keine größte. Wird nämlich eine Zahl a_1 von einem der c, etwa c_n, übertroffen, so liegen zwischen a_1 und c_n immer noch andere rationale Zahlen, die auch von c_n übertroffen werden, folglich auch zu den a gehören.

Wir zeigen: es ist

$$1)\qquad \lim_{n \to \infty} c_n = \alpha\,.$$

Denn jede Zahl $\alpha - \varepsilon$, die kleiner als α ist, gehört zu den a; es gibt also ein c_n, das größer als $\alpha - \varepsilon$ ist. Dann ist aber auch:

2) $$c_{n+p} > \alpha - \varepsilon \quad \text{für} \quad p = 1, 2, 3 \ldots$$

Andererseits gehört α zu den A. Also ist:

3) $$c_{n+p} < \alpha .$$

Die Ungleichungen (2) und (3) zusammen geben:

$$0 < \alpha - c_{n+p} < \varepsilon , \quad \text{also} \quad |c_{n+p} - \alpha| < \varepsilon ,$$

w. z. b. w.

Man kann den Beweis der Existenz einer solchen Zahl α auch durch einen indirekten Schluß auf den Satz II von § 22 stützen. Angenommen nämlich, es wäre nicht möglich, zu einer gegebenen Zahl ε den Index n so zu bestimmen, daß $|c_{n+p} - c_n| < \varepsilon$ wäre für alle positiven p, so müßte es eine unendliche Folge von wachsenden Indizes $n, n_1, n_2, \ldots$ geben, von der Art, daß:

$$\begin{aligned} c_{n_1} - c_n &> \varepsilon \\ c_{n_2} - c_{n_1} &> \varepsilon \\ \ldots\ldots \\ c_{n_{k+1}} - c_{n_k} &> \varepsilon \\ \ldots\ldots \end{aligned}$$

wäre. (Man beachte, daß die linksstehenden Differenzen alle positiv sind, so daß das Zeichen des absoluten Betrages hier weggelassen werden konnte.) Aus diesen Ungleichungen würde durch Addition folgen, daß:

$$c_{n_{k+1}} - c_{n_1} > k\varepsilon$$

wäre, d. h. daß man zu jedem Werte der ganzen Zahl k ein $c_{n_{k+1}}$ bestimmen könnte, das dieser Ungleichung genügt. Das wäre aber gegen die Voraussetzung, daß die c alle kleiner als eine gewisse Zahl M sein sollten. Also stoßen wir auf einen Widerspruch.

Auch diese Schlußweise gibt nicht die Möglichkeit, die Zahl α wirklich zu bestimmen. Man hat also hier einen bemerkenswerten Unterschied: wenn es gelingt, die Existenz einer Irrationalzahl mit bestimmten Eigenschaften ohne Benutzung des Satzes dieses Paragraphen, direkt auf Grund der Sätze von § 16 oder § 22 nachzuweisen, so hat man damit zugleich auch ein Mittel, um sie mit jeder verlangten Genauigkeit zu berechnen; macht man aber von dem Satze dieses Paragraphen (direkt oder indirekt) Gebrauch, so ist man zwar auch sicher, daß man jede verlangte Genauigkeit schließlich erreichen kann, wenn man die Rechnung nur weit genug treibt; aber man kann durch diesen Satz allein nicht entscheiden, ob man sie bei einem gewissen Schritte wirklich erreicht hat, und noch weniger vor Beginn der Rechnung wissen, wie weit zu gehen erforderlich sein wird. Daher haben einige Mathematiker, namentlich KRONECKER, den Gebrauch dieser Schlußweise überhaupt abgelehnt; sie gibt aber häufig den bequemsten Weg zur Einführung einer Irrationalzahl zu deren wirklicher Berechnung man dann nachträglich noch andere Hilfsmittel herbeiziehen kann, wie wir später an Beispielen sehen werden.

Ebenso wie aufsteigende kann man auch absteigende Zahlenfolgen behandeln. Hat man gleichzeitig eine aufsteigende Folge $c_0, c_1, c_2 \ldots$ und eine absteigende Folge $e_0, e_1, e_2 \ldots$, die gegen denselben Grenzwert konvergieren, so hat man damit allein zwar auch noch kein Mittel, um vor Beginn der Rechnung festzustellen, wie weit man in der Berechnung der Glieder der beiden Folgen gehen muß, um den Grenzwert mit vorgeschriebener Genauigkeit zu erhalten; aber man ist wenigstens, wenn man beide Folgen benutzt, während der Rechnung fortwährend darüber im klaren, wie groß die erreichte Genauigkeit in jedem Augenblicke ist; denn es ist stets:

$$c_n < \alpha < e_n \quad \text{mit} \quad \lim_{n \to \infty} (e_n - c_n) = 0 .$$

Geometrisch besagt diese Darstellung:

II. *Hat man auf der X-Achse unendlich viele ineinander geschachtelte Strecken* $c_0\,e_0$, $c_1\,e_1$, $c_2\,e_2 \ldots$, *die schließlich kleiner werden als jede noch so kleine Strecke, so gibt es einen und nur einen allen diesen Strecken gemeinsamen Punkt* α.

Dieser geometrische Satz ist mit dem Satze der Lückenlosigkeit völlig äquivalent, einer läßt sich aus dem andern ableiten. Während die DEDEKINDsche Definition der Irrationalzahlen den geometrischen Satz der Lückenlosigkeit als Leitgedanken benutzte, knüpft die CANTORsche Definition an den obigen Satz II an.

§ 26. Multiplikation der Irrationalzahlen.

In § 24 haben wir den Satz kennen gelernt, daß der Grenzwert einer Summe gleich der Summe der Grenzwerte der einzelnen Summanden ist. Einen entsprechenden Satz für den Grenzwert eines Produktes können wir hier zunächst nur unter der Einschränkung beweisen, daß die Grenzwerte der einzelnen Faktoren und diese einzelnen Faktoren selbst rationale Zahlen sind; denn das Produkt zweier irrationalen Zahlen haben wir bis jetzt noch nicht definiert. Sei also:

1) $$\lim_{n\to\infty} a_n = \alpha, \quad \lim_{n\to\infty} b_n = \beta$$

und α, β seien rationale Zahlen, ebenso alle a_ν, b_ν. Setzen wir dann:

2) $$\alpha = a_n + \delta_n, \quad \beta = b_n + \varepsilon_n,$$

so können wir zu jeder gegebenen Zahl ε den Index n so groß wählen, daß für jedes ganzzahlige $p \geqq 0$:

3) $$|\delta_{n+p}| < \varepsilon, \quad |\varepsilon_{n+p}| < \varepsilon$$

und gleichzeitig:

4) $$|a_{n+p}| < M, \quad |b_{n+p}| < M$$

wird, wo M irgendeine Zahl bedeutet, die zugleich $> |\alpha|$ und $> |\beta|$ ist. Dann wird

$$\alpha\beta = a_{n+p} b_{n+p} + a_{n+p}\varepsilon_{n+p} + b_{n+p}\delta_{n+p} + \delta_{n+p}\varepsilon_{n+p},$$

also

5) $$\begin{cases} |\alpha\beta - a_{n+p} b_{n+p}| \leqq |a_{n+p}\varepsilon_{n+p} + |b_{n+p}\delta_{n+p} + \delta_{n+p}\varepsilon_{n+p}| \\ \qquad < 2M\varepsilon + \varepsilon^2 \\ \qquad < \eta, \end{cases}$$

wenn ε zugleich < 1 und $< \frac{\eta}{2M+1}$ genommen wird; die Ungleichung (5) sagt aus: die Folge der Zahlen $a_n b_n$ konvergiert gegen den Grenzwert $\alpha\beta$, w. z. b. w.

Sind aber die Zahlen α, β nicht beide rational, so können wir nicht so schließen, weil das Zeichen $\alpha\beta$ bis jetzt noch keine Bedeutung hat. Aber wir können uns durch einen ganz ähnlichen Schluß wenigstens davon überzeugen, daß auch in diesem Falle die Produkte $a_n b_n$ der als rational vorausgesetzten Zahlen a_n, b_n eine konvergente Folge bilden. Denn nach Voraussetzung können wir, wenn irgendeine Zahl η gegeben ist, zunächst ε wie vorhin bestimmen und dann n so groß wählen, daß für jedes positive p die Gleichungen (4) gelten und außerdem

6) $$|a_{n+p} - a_n| < \varepsilon, \quad |b_{n+p} - b_n| < \varepsilon$$

ist. Dann wird

$$a_{n+p} b_{n+p} \equiv a_n b_n + b_n(a_{n+p} - a_n) + a_n(b_{n+p} - b_n) + (a_{n+p} - a_n)(b_{n+p} - b_n),$$

also

7) $$\begin{aligned} |a_{n+p} b_{n+p} - a_n b_n| &< M\varepsilon + M\varepsilon + \varepsilon^2, \\ &< \eta. \end{aligned}$$

Den Grenzwert dieser Folge $a_0 b_0, a_1 b_1, a_2 b_2, \ldots$ wollen wir nun als Produkt der beiden Zahlen α, β auch in dem Falle bezeichnen, wenn sie nicht beide rational sind.

Soll das zweckmäßig sein, so muß vor allem gezeigt werden, daß man zu demselben Grenzwert für das Produkt gelangt, wenn man eine der beiden gegebenen Folgen z. B. die Folge a_0, a_1, a_2 durch eine andere Folge rationaler Zahlen ersetzt, die gegen denselben Grenzwert α konvergiert, wie die erstere. Sei also auch:

8) $$\lim_{n\to\infty} c_n = \alpha,$$

also

9) $$\lim_{n\to\infty}(a_n - c_n) = \lim_{n\to\infty} a_n - \lim_{n\to\infty} c_n, \quad = 0.$$

Es wird dann von einem gewissen n ab:

$$|a_n - c_n| < \frac{\eta}{M},$$

also

10) $$|a_n b_n - c_n b_n| = |b_n|\,|a_n - c_n|,$$

d. h. $$< \eta,$$

11) $$\lim_{n\to\infty}(a_n b_n - c_n b_n) = 0 \quad \text{oder} \quad \lim_{n\to\infty} c_n b_n = \lim_{n\to\infty} a_n b_n,$$

sein, w. z. b. w.

Beispiel: Bezeichnen wir mit c_n die nach n Stellen hinter dem Komma abgebrochene Dezimalbruchentwicklung der S. 33 definierten und S. 36 mit $\sqrt{2}$ bezeichneten Irrationalzahl, so ist nach § 17:

$$c_n^2 < 2, \quad \text{aber} \quad \left(c_n + \frac{1}{10^n}\right)^2 > 2,$$

d. h.

$$0 < 2 - c_n^2 < \frac{2c_n}{10^n} + \frac{1}{10^{2n}}.$$
$$< \frac{4}{10^n},$$

es ist somit $\lim_{n\to\infty} c_n^2 = 2$, m. a. W.: nach der in diesem Paragraphen gegebenen Definition für das Produkt zweier Irrationalzahlen ist das Quadrat jener mit $\sqrt{2}$ bezeichneten Irrationalzahl gleich 2.

Nunmehr können wir die Multiplikation zweier Irrationalzahlen als *stets ausführbar* und als *eindeutig bestimmt* ansehen. Daß sie *kommutativ* ist, ergibt sich, wenn man die auftretenden Irrationalzahlen als Grenzwerte von Folgen rationaler Zahlen darstellt, wie folgt:

12) $$\lim_{n\to\infty} a_n \cdot \lim_{n\to\infty} b_n = \lim_{n\to\infty}(a_n \cdot b_n) = \lim_{n\to\infty}(b_n \cdot a_n) = \lim_{n\to\infty} b_n \cdot \lim_{n\to\infty} a_n.$$

Ebenso wird die fortdauernde Gültigkeit des *Assoziations-* und des *Distributionsgesetzes* bewiesen. Daß auch das *Monotoniegesetz* bestehen bleibt, ergibt sich unter Benutzung des Satzes II von § 24: Ist nämlich $\lim\limits_{n\to\infty} a_n = \alpha$, $\lim\limits_{n\to\infty} b_n = \beta$, $\lim\limits_{n\to\infty} c_n = \gamma > 0$ und $\alpha - \beta = \delta > 0$, so können wir n so bestimmen, daß jedes a_{n+p} um mehr als $\delta/3$ größer ist als jedes b_{n+q}; wir können ferner n auch auch so groß wählen, daß alle c_{n+p} größer sind als $\gamma/3$. Dann ist $a_{n+p}c_{n+p} - b_{n+p}c_{n+p} > \delta\gamma/9$; also folgt durch Übergang zur Grenze (§ 24. III) $\alpha\gamma - \beta\gamma \geqq \delta\gamma/9 > 0$. Damit ist bewiesen:

Wenn $\alpha > \beta$ und $\gamma > 0$, ist auch $\alpha\gamma > \beta\gamma$.

Ebenso wird bewiesen:

Wenn $\alpha > \beta$ und $\gamma < 0$, ist $\alpha\gamma < \beta\gamma$.

Aus dem Fortbestehen dieser Fundamentalgesetze der Multiplikation rationaler Zahlen für die Multiplikation irrationaler Zahlen folgt dann, wie in früheren Fällen, daß auch die aus ihnen abgeleiteten Sätze für die Multiplikation irrationaler Zahlen Gültigkeit behalten.

Zu den abgeleiteten Sätzen gehört auch der zu Anfang dieses Paragraphen bewiesene Satz, wonach aus $\lim\limits_{n\to\infty} a_n = \alpha$ und $\lim\limits_{n\to\infty} b_n = \beta$ folgt, daß $\lim\limits_{n\to\infty} a_n b_n = \alpha\beta$ ist; er gilt daher auch für irrationale Faktoren a_n, b_n.

Endlich bemerke man noch:

Das Produkt $\alpha\beta$ zweier reeller Zahlen α, β ist dann und nur dann Null, wenn mindestens einer der Faktoren α, β Null ist.

Denn ist $\alpha = \lim\limits_{n\to\infty} a_n$ und $\beta = \lim\limits_{n\to\infty} b_n$ und ist weder $\alpha = 0$, noch $\beta = 0$, so ist von einem gewissen n ab $|a_n| > m > 0$ und $|b_n| > m > 0$, also $|a_n b_n| = |a_n||b_n| > m^2$ und daher $|\alpha\beta| = \lim |a_n b_n| \geqq m^2$; ist aber $\alpha = 0$, so ist von einem gewissen n an $|a_n|$ kleiner als eine vorgeschriebene Zahl $\eta > 0$, während $|b_n| < M$ bleibt, es ist also $|a_n b_n| < \eta M < \varepsilon$, wenn $\eta < \frac{\varepsilon}{M}$ gewählt wurde, somit $\alpha\beta = \lim a_n b_n = 0$.

§ 27. Division irrationaler Zahlen.

Die Definition des Quotienten zweier (positiven) Irrationalzahlen könnte direkt an den in § 16 eingeführten Begriff des Schnittes angeknüpft werden. Doch ist es etwas bequemer, wenn wir sie, ebenso wie dies im vorigen Paragraphen mit der Definition des Produkts geschehen ist, nicht an § 16, sondern an § 22 anknüpfen.

Aus dem Monotoniegesetz der Multiplikation folgt, daß es jedenfalls nicht mehr als eine Zahl geben kann, die, mit einer gegebenen von Null verschiedenen irrationalen Zahl β multipliziert, eine andere gegebene rationale oder irrationale Zahl ergibt. Um zu zeigen, daß es auch in jedem Fall wirklich eine solche Zahl gibt, beweisen wir erst den folgenden Fall dieses Satzes:

I. *Wenn die rationalen Zahlen b_n alle von Null verschieden sind und eine konvergente Zahlenfolge bilden, deren Grenzwert $\lim\limits_{n\to\infty} b_n = \beta$ von Null verschieden ist, so bilden auch die Zahlen $1/b_1$, $1/b_2$, ... eine konvergente Folge; und der Grenzwert $\lim\limits_{n\to\infty}(1/b_n) = \gamma$ hat die Eigenschaft, daß $\beta\gamma = 1$ ist.*

Wenn nämlich $\beta \neq 0$ ist, gibt es nach § 24, (5') eine positive Zahl m von der Beschaffenheit, daß die $|b_n|$ (wenigstens von einer bestimmten Stelle an) alle größer als m sind. Wählen wir denn n so groß, daß außerdem

$$|b_{n+p} - b_n| < \varepsilon$$

bleibt, so wird

$$\left|\frac{1}{b_{n+p}} - \frac{1}{b_n}\right| = \frac{|b_{n+p} - b_n|}{b_n \cdot b_{n+p}} < \frac{\varepsilon}{m^2},$$

also bilden die $1/b_n$ eine konvergente Folge; ihr Grenzwert sei γ. Dann ist nach § 26:

$$\beta \cdot \gamma = (\lim_{n\to\infty} b_n) \cdot \left(\lim_{n\to\infty} \frac{1}{b_n}\right) = \lim_{n\to\infty}\left(b_n \cdot \frac{1}{b_n}\right) = 1,$$

w. z. b. w.

Wir nennen die so definierte Zahl $\gamma = \lim(1/b_n)$ „*den reziproken Wert von β*".

Mit Hilfe dieses speziellen Falles können wir nun aber auch leicht den allgemeinen erledigen. Soll nämlich eine Zahl δ bestimmt werden, die mit β multipliziert α ergibt, so suchen wir den reziproken Wert γ von β; dann ist $\delta = \alpha\gamma$ die gesuchte Zahl, denn es ist $\alpha\gamma \cdot \beta = \alpha \cdot \gamma\beta = \alpha$. Damit ist gezeigt, daß im Gebiete der reellen Zahlen die Division *in jedem Falle ausführbar* ist, ausgenommen allein die Division durch Null. Auch ist sofort zu sehen:

II. *Sind $a_0, a_1, a_2, \ldots$ und $b_0, b_1, b_2, \ldots$ zwei Folgen rationaler Zahlen und existieren die Grenzwerte $\alpha = \lim\limits_{n\to\infty} a_n$ und $\beta = \lim\limits_{n\to\infty} b_n$, so existiert auch der Grenzwert $\lim\limits_{n\to\infty} \frac{a_n}{b_n}$ und ist gleich $\frac{\alpha}{\beta}$, vorausgesetzt, daß der Nenner β und seine Näherungswerte b_n von Null verschieden sind;* denn es ist unter dieser Voraussetzung:

$$\frac{\lim\limits_{n\to\infty} a_n}{\lim\limits_{n\to\infty} b_n} = \lim_{n\to\infty} a_n \cdot \frac{1}{\lim\limits_{n\to\infty} b_n} = \lim_{n\to\infty} a_n \cdot \lim_{n\to\infty}\frac{1}{b_n} = \lim_{n\to\infty}\left(a_n \cdot \frac{1}{b_n}\right) = \lim_{n\to\infty}\left(\frac{a_n}{b_n}\right).$$

Die fortdauernde Gültigkeit der Divisionsregeln auch für das Rechnen mit irrationalen Zahlen ergibt sich wie früher daraus, daß diese Regeln sämtlich nicht zu den fundamentalen, sondern zu den abgeleiteten Gesetzen gehören. Zu diesen gehören insbesondere auch die soeben bewiesenen Sätze I und II, bei denen somit die Voraussetzung, daß die $b_0, b_1, b_2, \ldots$ und die $a_0, a_1, a_2, \ldots$ Folgen *rationaler* Zahlen seien, hinterher weggelassen werden darf.

§ 28. Schlußbemerkungen über das Rechnen mit Grenzwerten und irrationalen Zahlen.

In den vorhergehenden Paragraphen haben wir der Reihe nach die folgenden Sätze erhalten (und zwar sowohl für rationale wie für irrationale a_n, b_n):

$$
1)\quad \begin{cases}
\lim\limits_{n\to\infty} a_n + \lim\limits_{n\to\infty} b_n = \lim\limits_{n\to\infty}(a_n + b_n), \\
\lim\limits_{n\to\infty} a_n - \lim\limits_{n\to\infty} b_n = \lim\limits_{n\to\infty}(a_n - b_n), \\
\lim\limits_{n\to\infty} a_n \cdot \lim\limits_{n\to\infty} b_n = \lim\limits_{n\to\infty}(a_n \cdot b_n), \\
\lim\limits_{n\to\infty} a_n \,/\, \lim\limits_{n\to\infty} b_n = \lim\limits_{n\to\infty}(a_n \,/\, b_n), \text{ wenn } \lim\limits_{n\to\infty} b_n \neq 0 \text{ ist.}
\end{cases}
$$

Jede dieser Gleichungen enthält, wie zum Teil bereits erwähnt, zwei Behauptungen; nämlich einmal die Behauptung, daß aus der Existenz der linksstehenden Grenzwerte die Existenz der rechtsstehenden folgt, und dann die Behauptung, daß die beiden Seiten einander gleich sind. (Aus der Existenz des rechtsstehenden Grenzwertes würde die Existenz der linksstehenden nicht gefolgert werden können.)

Bei der hier durchgeführten Art der Behandlung haben die Gleichungen (1) nicht alle denselben Charakter. So war die dritte, falls die a_n, b_n durchweg rationale, $\lim\limits_{n\to\infty} a_n$ und $\lim\limits_{n\to\infty} b_n$ aber irrationale Zahlen sind, kein Lehrsatz, sondern die Definition für das Produkt zweier Irrationalzahlen. Immerhin war auch in diesem Falle als Lehrsatz zu beweisen, daß diese Definition widerspruchslos ist.

Sehen wir noch einen Augenblick zu, auf welcher gemeinsamen Eigenschaft der vier arithmetischen Grundoperationen die Beweise dieser Sätze beruhen. Man erkennt, daß es die folgende ist: Wenn man zu dem einen oder dem andern Bestandteil einer Summe, einer Differenz, eines Produkts, eines Quotienten eine Zahl η von hinreichend kleinem absoluten Betrage addiert, so beibt auch die dadurch bewirkte Änderung der Summe usw. dem Betrage nach unterhalb einer beliebig klein vorzuschreibenden positiven Zahl. Wir werden auf diese Eigenschaft der arithmetischen Grundoperationen später noch zurückkommen müssen (§ 48).

Aus den Sätzen (1) ergeben sich durch wiederholte Anwendung weitere, die sich auf Verbindungen von mehr als zwei Grenzwerten beziehen. Wir können sie alle in eine einzige Aussage zusammenfassen, wenn wir folgende Definition vorausschicken:

Unter einer rationalen Funktion beliebig vieler Veränderlicher a, b, c, ... k, verstehen wir eine Größe, die sich aus diesen Veränderlichen durch eine endliche Anzahl von Additionen, Subtraktionen, Multiplikationen und Divisionen zusammensetzen läßt. (Vgl. § 46.)

Dann folgt nämlich:

Ist R (a, b, ... k) eine rationale Funktion der Variabeln a, b, ..., k und ist:

$$\lim_{n\to\infty} a_n = \alpha, \quad \lim_{n\to\infty} b_n = \beta, \quad \ldots, \quad \lim_{n\to\infty} k_n = \varkappa,$$

so existiert der Grenzwert:

$$\lim_{n\to\infty} R(a_n, b_n, \ldots, k_n)$$

und ist gleich:

$$R(\alpha, \beta, \ldots, \varkappa),$$

vorausgesetzt, daß keiner der auftretenden Nenner Null ist oder Null zur Grenze hat.

FÜNFTER ABSCHNITT.

Potenzen, Wurzeln, Logarithmen.

§ 29. Potenzen mit positiven ganzzahligen Exponenten.

Wenn wir den Begriff der Potenz auf negative, gebrochene oder irrationale Basen ausdehnen, dabei aber die Beschränkung auf positive ganzzahlige Exponenten zunächst noch beibehalten wollen, brauchen wir dazu kein neues Prinzip; es genügt, die Definition einer Potenz mit solchen Exponenten, genau wie in § 7, als ein Produkt von gleichen Faktoren mit den inwischen entwickelten Definitionen der Produkte negativer, gebrochener, irrationaler Faktoren zu verbinden. Wir definieren demgemäß:

Unter der Potenz a^m verstehen wir, auch wenn a keine positive ganze Zahl ist, das Produkt von m gleichen Faktoren, deren jeder gleich a ist.

Aus dieser Definition und den Gesetzen der Multiplikation ergeben sich wie in § 7 die *unbeschränkte Ausführbarkeit* und *eindeutige Bestimmtheit* einer solchen Potenz, sowie die folgenden fundamentalen Gesetze

1) $$(a^m)^n = a^{mn},$$

2) 3) $$a^{m+n} = a^m a^n, \qquad a^{m-n} = a^m/a^n,$$

4) 5) $$(a\,b)^m = a^m b^m, \qquad (a/b)^m = a^m/b^m.$$

Ferner seien die verschiedenen Fälle des *Monotoniegesetzes* hier ausdrücklich erwähnt, jedoch nur unter Berücksichtigung der absoluten Beträge: Aus

6) $$|a| > |b| \quad \text{folgt} \quad |a^m| > |b^m|.$$

Aus:

7) $$m > n \quad \text{folgt} \quad |a^m| > |a^n| \quad \text{für} \quad |a| > 1.$$

dagegen:

8) $$|a^m| < |a^n| \quad \text{für} \quad |a| < 1.$$

Von den abgeleiteten Sätzen sei außer dem Binomialtheorem (§ 8, 2) noch die bereits § 23 (4) benutzte Gleichung:

9) $$\frac{a^m - b^m}{a - b} = a^{m-1} + a^{m-2}\,b + \ldots + a\,b^{m-2} + b^{m-1}$$

ausdrücklich erwähnt. Ferner brauchen wir für die Beweise späterer Sätze eine Anzahl Ungleichungen, die aber *nur für positive Basen* gelten. Aus (9) folgt nämlich für $m > 1$, sowohl wenn $a > b > 0$, als auch wenn $0 < a < b$ ist, die Doppelungleichung:

10) $$m(a - b)\,a^{m-1} > a^m - b^m > m(a - b)\,b^{m-1}.$$

Von ihr benutzen wir hier zunächst die erste Hälfte, indem wir sie in die Form umschreiben:

11) $$b^m > a^{m-1}(m\,b - (m-1)\,a).$$

Setzen wir in dieser $a = 1$, $b = 1 + \delta$, so erhalten wir:

12) $$(1 + \delta)^m > 1 + m\,\delta \qquad (1 + \delta > 0);$$

setzen wir aber umgekehrt $a = 1 + \delta$, $b = 1$, und ersetzen m durch $m + 1$, so erhalten wir:

12a) $$1 > (1 + \delta)^m (m + 1 - m(1 + \delta)),$$

also wenn $1 - m\delta$ positiv, d. h. $m\delta < 1$ ist:

$$13) \quad (1+\delta)^m < \frac{1}{1-m\delta} = 1 + \frac{\delta m}{1-m\delta} \quad (1+\delta > 0, \; 1-m\delta > 0).$$

Diese letztere Ungleichung gilt für $m+1>1$, also auch für $m=1$; dagegen geht (12) in diesem Falle in eine Gleichung über.

Aus der Ungleichung (12) folgt für $\delta > 0$ noch der oft zu benützende Satz:

Ist $a > 1$, so kann a^m dadurch beliebig groß gemacht werden, daß man m hinlänglich groß nimmt; und daraus weiter für $b = 1/a$:

Ist $b < 1$, so kann b^m dadurch beliebig klein gemacht werden, daß man m hinlänglich groß nimmt.

§ 30. Potenzen mit negativen ganzzahligen Exponenten.

Das Zeichen a^p hat, wenn p Null oder negativ ist, zunächst keine Bedeutung. Wir können ihm daher willkürlich eine solche beilegen (vgl. die Erörterungen zu Anfang von § 10) und zwar legt die Gleichung (3) von § 29 nahe, daß wir *unter a^0 den Wert 1 und unter a^{-m}, wenn m eine positive ganze Zahl ist, den Wert $1/a^m$ verstehen.*

Wir müssen zeigen, daß für die so definierten Potenzen die Gesetze der Potenzen mit positiven ganzzahligen Exponenten bestehen bleiben. Zu diesem Zweck bezeichen wir (für den Augenblick) mit m, n positive ganze Zahlen, mit p, q ganze Zahlen, die nicht positiv zu sein brauchen, mit a, b beliebige rationale oder irrationale Zahlen. Dann ist:

$$\begin{aligned}
a^{m+(-n)} &= a^{m-n} = a^m/a^n = a^m \cdot (1/a^n) = a^m \cdot a^{-n} \text{ (für } m > n),\\
a^{m+(-n)} &= a^{-(n-m)} = 1/a^{n-m} = a^m/a^n = a^m \cdot a^{-n} \text{ (für } m < n),\\
a^{m+(-m)} &= a^0 = 1 = a^m/a^m = a^m \cdot (1/a^m) = a^m \cdot a^{-m},\\
a^{-m+(-n)} &= a^{-(m+n)} = 1/a^{m+n} = 1/(a^m a^n) = (1/a^m) \cdot (1/a^n) = a^{-m} \cdot a^{-n},\\
a^{p+0} &= a^p = a^p \cdot 1 = a^p \cdot a^0;
\end{aligned}$$

also gilt die Gleichung:

$$1) \qquad a^{p+q} = a^p \cdot a^q$$

allgemein. Ferner ist:

$$\begin{aligned}
(a^m)^{-n} &= 1/(a^m)^n = 1/a^{mn} = a^{-mn} = a^{m\cdot(-n)},\\
(a^{-m})^n &= (1/a^m)^n = 1/a^{mn} = a^{-mn} = a^{(-m)\cdot n},\\
(a^{-m})^{-n} &= (1/a^m)^{-n} = 1/(1/a^{mn}) = a^{mn} = a^{(-m)\cdot(-n)},\\
(a^0)^p &= 1^p = 1 = a^{0\cdot p}, \qquad (a^p)^0 = 1 = a^{p\cdot 0};
\end{aligned}$$

also gilt auch die Gleichung:

$$2) \qquad (a^p)^q = a^{pq}$$

allgemein. Endlich ist:

$$a^{-m}\,b^{-m} = (1/a^m)(1/b^m) = 1/(a^m b^m) = 1/(a\,b)^m = (a\,b)^{-m},$$
$$a^0\,b^0 \quad = 1 \cdot 1 = 1 \; = (a\,b)^0\,;$$

also gilt auch:

3) $$a^p\,b^p = (a\,b)^p.$$

Damit ist die fortdauernde Gültigkeit der fundamentalen Gesetze (1), (2), (3), (4), (5) von § 29 auch für nicht positive ganzzahlige Exponenten nachgewiesen; dagegen gelten Gleichung (9) des § 29 sowie das Binomialtheorem nur für positive ganzzahlige Exponenten. Erst später (§ 57) werden wir sehen, daß das Binomialtheorem sich unter gewissen Einschränkungen auch auf andere Exponenten ausdehnen läßt.

Das Monotoniegesetz lautet für nicht positive Exponenten:

4) Wenn $|a| > |b|$, ist $a^0 = b^0$, und $|a^{-m}| < |b^{-m}|$.

Endlich an Stelle der Ungleichungen (12) und (13) von § 29 treten für negative Exponenten die folgenden, die sich aus ihnen durch Übergang zu den reziproken Werten ergeben:

5) $(1+\delta)^{-m} > 1 - m\,\delta$ (wenn $1 + \delta > 0$),

6) $(1+\delta)^{-m} < \dfrac{1}{1+m\,\delta}$ (wenn $1 + \delta > 0$, $1 + m\,\delta > 0$).

Sie lassen sich mit den früheren in die eine Formulierung zusammenziehen:

7) $(1+\delta)^p \geqq 1 + p\,\delta$ $(1 + \delta > 0)$,

8) $(1+\delta)^p \leqq \dfrac{1}{1-p\,\delta}$ $(1 + \delta > 0,\ 1 - p\,\delta > 0)$.

Dabei gilt das Gleichheitszeichen in (8) *nur* für $p\,\delta = 0$, in (7) nur für $p\,\delta = 0$ und für $p = 1$. Der Spezialfall:

9) $\dfrac{1}{1+\delta} \geqq 1 - \delta$ $(\delta > -1)$

sei besonders erwähnt.

§ 31. Positive Wurzeln aus positiven Zahlen mit positiven ganzzahligen Wurzelexponenten.

Die Aufgabe: zu einer gegebenen Zahl c und einem gegebenen Exponenten m eine Basis a so zu bestimmen, daß $a^m = c$ wird, heißt *Wurzelausziehung* (Radizierung); c heißt *Radikand*, m *Wurzelexponent*. *Ist c eine beliebige positive Zahl, m eine positive ganze Zahl*, so kann es *nicht mehr als eine reelle positive Zahl* geben, die der

Aufgabe genügt. Denn wenn $a > b$ ist, ist nach § 29 (6) $a^m > b^m$; dann können also nicht beide $= c$ sein. Daß es aber stets *wirklich eine solche reelle positive Zahl* gibt, kann folgendermaßen gezeigt werden. Gibt es eine rationale Zahl, deren m^{te} Potenzgleich c ist, so wird die Aufgabe durch diese Zahl gelöst. Gibt es aber keine solche rationale Zahl, so können wir die Gesamtheit aller rationalen Zahlen in der Weise in zwei Klassen a und A teilen, daß wir zu den a alle negativen und diejenigen positiven rechnen, für die $a^m < c$ ist, zu den A alle die positiven für die $A^m > c$ ist. Dann ist jedes a kleiner als jedes A; und man kann ganz wie in § 16 für den besonderen Fall $c = 2$, $m = 2$ geschehen ist, auch in dem hier betrachteten allgemeinen Falle zeigen, daß weder unter den a eine größte, noch unter den A eine kleinste vorhanden ist. Es ist nämlich nach § 29, (13) $(a_1 + h)^m$, oder, was dasselbe ist, $a_1^m (1 + h/a_1)^m$ für hinlänglich kleine Werte von h kleiner als:

$$a_1^m \frac{1}{1 - m h / a_1};$$

wird also die positive Zahl $c - a_1^m = \varepsilon c$ gesetzt und

$$h < \varepsilon a_1 / m$$

genommen, so folgt:

$$1 - m h / a_1 > 1 - \varepsilon$$

und damit:

$$(a_1 + h)^m < \frac{(1 - \varepsilon) c}{1 - \varepsilon}, \text{ d. i. } < c\,;$$

$a_1 + h$ gehört also auch noch zu den a und folglich kann a_1 nicht die größte unter diesen sein. Andererseits ist $(A_1 - h)^m$ oder $A_1^m (1 - h/A_1)^m$ nach § 44 (12) größer als $A_1^m (1 - mh/A_1)$; wird also:

$$A_1^m - c = \varepsilon A_1^m$$

gesetzt und:

$$h < \varepsilon A_1 / m$$

genommen, so folgt:

$$1 - m h / A_1 > 1 - \varepsilon$$

und damit:

$$(A_1 - h)^m > (1 - \varepsilon) A_1^m, \text{ d. i. } > c\,.$$

$A_1 - h$ gehört also auch noch zu den A und folglich kann A_1 nicht die kleinste unter diesen sein. Der Schnitt $a | A$ hat also alle in § 16 vorausgesetzten Eigenschaften und definiert folglich eine irrationale Zahl α. Da diese Zahl größer als jedes a und kleiner als jedes A ist (§ 18), so kann ihre m^{te} Potenz weder kleiner, noch größer als c sein; sie muß also gleich c sein, w. z. b. w. *Zu jeder positiven Zahl c und zu jedem positiven ganzzahligen Exponenten gibt es also stets eine und nur eine positive Zahl α von der Art, daß:*

1) $$\alpha^m = c$$

wird; man nennt diese Zahl die m^{te} *Wurzel aus c und bezeichnet sie mit:*

2) $$\alpha = \sqrt[m]{c}\,.$$

Die folgenden Sätze über Wurzeln ergeben sich durch indirekten Beweis aus den fundamentalen Sätzen über Potenzen:

3) $$\sqrt[m]{a^n} = \left(\sqrt[m]{a}\right)^n;$$

4) 5) $$\sqrt[m]{a^{mn}} = a^n\,; \qquad \sqrt[m]{\sqrt[n]{a}} = \sqrt[mn]{a}\,;$$

6) 7) $$\sqrt[m]{a}\,\sqrt[m]{b} = \sqrt[m]{a\,b}\,; \qquad \sqrt[m]{a}\,/\,\sqrt[m]{b} = \sqrt[m]{a/b}\,.$$

Wir beweisen beispielsweise Satz (6): Wäre

6′) $$\sqrt[m]{a}\,\sqrt[m]{b} \gtrless \sqrt[m]{a\,b}\,,$$

so wäre auch (wegen § 29 (6)):

$$\left(\sqrt[m]{a}\,\sqrt[m]{b}\right)^m \gtrless \left(\sqrt[m]{a\,b}\right)^m$$

oder

$$\left(\sqrt[m]{a}\right)^m \left(\sqrt[m]{b}\right)^m \gtrless a\,b\,,$$

d. h.

$$a\,b \gtrless a\,b\,.$$

Die Annahme (6′) führt somit auf einen Widerspruch.

Eine für weitere Entwickungen wichtige Ungleichung erhalten wir, wenn wir in der Ungleichung § 29 (12) auf beiden Seiten $m\,\delta = \varepsilon$ setzen und dann die m^{te} Wurzel ziehen, was deswegen angeht, weil wir uns gegenwärtig auf positive Wurzelwerte beschränken; nämlich:

(8) $$\sqrt[m]{1+\varepsilon} < 1 + \varepsilon/m \qquad \left(1+\varepsilon > 0, \quad 1 + \frac{\varepsilon}{m} > 0\right).$$

Würden wir die Ungleichung § 29 (13) ebenso behandeln, so würden wir erhalten:

$$\sqrt[m]{1+\varepsilon} < \frac{1}{1-\varepsilon/m}\,;$$

das würde uns aber nichts Neues lehren; denn nach § 30, (9) ist:

$$\frac{1}{1-\varepsilon/m} \geqq 1 + \varepsilon/m\,.$$

Wollen wir neben (8) auch noch eine untere Schranke für einen Wurzelwert erhalten, so müssen wir noch einmal auf die Ungleichung (11) von § 29 zurückgehen und in ihr:

$$m+1 \text{ für } m, \qquad \sqrt[m]{1+\varepsilon} \text{ für } a, \qquad 1 \text{ für } b$$

setzen; dann folgt nämlich:

$$1 > (1+\varepsilon)\left[(m+1) - m\sqrt[m]{1+\varepsilon}\right]$$

oder:

$$m\sqrt[m]{1+\varepsilon} > m+1 - \frac{1}{1+\varepsilon} \qquad (\text{wenn } 1+\varepsilon > 0)$$

oder endlich:

$$9) \qquad \sqrt[m]{1+\varepsilon} > 1 + \frac{1}{m}\frac{\varepsilon}{1+\varepsilon} \qquad (\text{wenn } 1+\varepsilon > 0).$$

§ 32. Numerische Berechnung von Wurzeln.

Über die wirkliche Berechnung einer Wurzelgröße mit vorgeschriebener Genauigkeit ist folgendes zu bemerken: Ist c eine *rationale Zahl*, so kann man ganz ebenso verfahren, wie es in § 17 an dem Beispiele der Berechnung von $\sqrt{2}$ gezeigt ist. Wir können aber außerdem, namentlich wenn wir schon im Besitze einer ersten Annäherung sind, das im vorigen Paragraphen zum Beweis benutzte Verfahren auch für die Berechnung verwenden. Soll z. B. $\sqrt[3]{100}$ berechnet werden, so ist 4 zu klein (gehört zu den a), 5 zu groß (gehört zu den A). Will man einen besseren zu kleinen Näherungswert erhalten, so hat man ε aus der Gleichung $100 - 64 = \varepsilon\, 100$ zu bestimmen und dann $h < 4\,\varepsilon/3$ zu nehmen, also z. B. $h = 0{,}4$. Will man einen besseren zu großen Näherungswert erhalten, so hat man ε aus $125 - 100 = \varepsilon\, 125$ zu bestimmen und dann $h < 5\,\varepsilon/3$ zu nehmen, also z. B. $h = 0{,}3$. Man findet so, daß der gesuchte Wurzelwert zwischen 4,4 und 4,7 liegt. Wiederholung des Verfahrens gibt engere Grenzen.

Ist aber γ eine *irrationale Zahl*, die selbst nur mit einem gewissen Genauigkeitsgrad bekannt ist, so wird man bei Anwendung des einen oder des andern Verfahrens nach einer gewissen Anzahl von Schritten zu einem Näherungswert a_r von $\alpha = \sqrt[m]{\gamma}$ kommen, dessen m^{te} Potenz zwischen die Grenzen fällt, zwischen die man γ eingeschlossen hat. Wollte man dann entscheiden, ob a_r^m größer oder kleiner als γ ist, so wäre erforderlich, γ vorher mit noch größerer Genauigkeit zu berechnen. Es entsteht also die Frage: wie genau muß man γ kennen, um $\sqrt[m]{\gamma}$ mit einer bestimmten vorgeschriebenen Genauigkeit berechnen zu können?

Auf diese Frage kann man mit Hilfe der Ungleichung (8) von § 31 Antwort erhalten. Ist nämlich γ zwischen den Grenzen c und $C = c(1 + \varepsilon)$ eingeschlossen, so liegt $\sqrt[m]{\gamma}$ zwischen

$$\sqrt[m]{c} \quad \text{und} \quad \sqrt[m]{C} < \sqrt[m]{c}\,(1 + \varepsilon/m)\,.$$

Berechnet man, was nach dem vorhergehenden möglich ist, $\sqrt[m]{c}$ mit der „relativen Genauigkeit η", d. h. schließt man es zwischen zwei Grenzen a und $a(1 + \eta)$ ein, so liegt $\sqrt[m]{\gamma}$ zwischen a und $a\,(1 + \eta)(1 + \varepsilon/m)$. Soll die obere Schranke kleiner als eine gegebene Zahl $a\,(1 + \delta)$ werden, so muß man ε und η so annehmen, daß:

$$\eta + \varepsilon/m + \eta\,\varepsilon/m < \delta$$

wird; für $\delta < 1$ (was allein von praktischem Interesse ist) wird das sicher erreicht, wenn man:

$$\eta < \delta/3\,, \qquad \varepsilon < m\,\delta/3$$

nimmt. Wenn man also die Wurzel aus einer irrationalen Zahl mit einer relativen Genauigkeit δ berechnen soll, genügt es, erst diese irrationale Zahl mit einer relativen Genauigkeit $m\,\delta/3$ durch eine rationale Zahl anzunähern und dann die Wurzel aus dieser rationalen Zahl mit einer relativen Genauigkeit $\delta/3$ zu berechnen.

Übrigens werden wir später (§ 57) noch ein anderes Verfahren kennen lernen, das zur näherungsweisen Berechnung von Wurzeln dienen kann.

§ 33. Wurzeln im Gebiete der negativen Zahlen.

Wie wir gesehen haben, gibt es im Gebiete der positiven Zahlen nur *eine* m^{te} Wurzel aus einer positiven Zahl a, d. h. nur eine positive Zahl b von der Art, daß $b^m = a$ ist. Ist m eine *ungerade* Zahl $2n + 1$, so ist dieser Wert der Wurzel auch dann noch der einzige, wenn wir nicht nur positive, sondern auch negative Zahlen zulassen. Denn die $(2n + 1)^{\text{te}}$ Potenz einer negativen Zahl ist nach § 11 stets selbst wieder negativ, kann also niemals der positiven Zahl a gleich sein.

Ist aber m eine *gerade* Zahl $2n$, so besteht gleichzeitig mit der Gleichung $b^{2n} = a$ die Gleichung $(-b)^{2n} = a$. Die negative Zahl $-b$ hat also dasselbe Recht, als $(2n)^{\text{te}}$ Wurzel aus a angesehen zu werden, wie die positive Zahl b. Im Gebiete der positiven und negativen

Zahlen ist also die Ausziehung der Wurzel *keine eindeutig bestimmte Operation,* die Wurzel selbst eine zweideutige oder *zweiwertige* Funktion der Basis (die erste solche Funktion, die uns begegnet).

Will man die Mehrdeutigkeit in einem bestimmten Falle ausschließen und ausdrücklich angeben, daß nur der positive Wurzelwert gemeint ist, so genügt es zu schreiben:

$$\left|\sqrt[2n]{a}\right| .$$

Eine Gleichung, in der ein oder mehrere Wurzelzeichen (oder überhaupt Zeichen mehrwertiger Operationen) auftreten, kann demnach verschiedene Bedeutungen haben. Es wird nur ausnahmsweise vorkommen, daß sie richtig ist, welche Werte unter den überhaupt zulässigen man auch den auftretenden Wurzelgrößen beilegen mag (z. B.: $(\sqrt{a})^2 = a$). Der gewöhnliche Fall ist, daß man zwar einige der vorkommenden Wurzeln mit beliebigem Vorzeichen nehmen kann, daß aber die anderen dann dadurch bestimmt sind. Es sind aber dabei noch zwei Unterfälle möglich: Die Gleichung kann besagen: *jeder* Wert jeder der beiden Seiten ist einem Werte der anderen Seite gleich, z. B.:

$$\sqrt{a}\,\sqrt{b} = \sqrt{ab} .$$

Es kann aber auch vorkommen, daß die Vieldeutigkeit der einen Seite der Gleichung *größer* ist als die der anderen Seite; z. B. hat von der Gleichung:

$$\sqrt{\frac{a}{b} + 2 + \frac{b}{a}} = \sqrt{\frac{a}{b}} + \sqrt{\frac{b}{a}}$$

die linke Seite nur zwei Werte, die rechte dagegen vier; sie kann also nicht für alle diese vier Werte richtig sein. In der Tat gilt sie nur, wenn man rechts die beiden vorkommenden Wurzeln mit demselben Vorzeichen nimmt.

Ist die Basis selbst negativ und der Wurzelexponent ungerade, so gilt die Gleichung:

$$\sqrt[2n+1]{-a} = -\sqrt[2n+1]{a} ;$$

denn es ist:

$$\left(-\sqrt[2n+1]{a}\right)^{2n+1} = -a .$$

Ist aber die Basis negativ und der Wurzelexponent gerade, so ist die Wurzelausziehung in unserem Zahlgebiet *nicht ausführbar;* denn weder eine positive noch eine negative Basis gibt zu einem geraden Exponenten erhoben einen negativen Potenzwert. Die Frage ob sie durch eine abermalige Erweiterung des Zahlensystems ausführbar gemacht werden kann, lassen wir hier dahingestellt

§ 34. Potenzen und Wurzeln mit gebrochenen Exponenten.

Setzen wir in der Gleichung (4) von § 31 $mn = p$, wobei unter n eine beliebige, unter m eine positive ganze Zahl verstanden wird, so wird aus ihr:

$$1)\qquad a^{\frac{p}{m}} = \sqrt[m]{a^p} = \left(\sqrt[m]{a}\right)^p.$$

Wir werden dadurch veranlaßt, *dem Zeichen* $a^{p/m}$, das bis jetzt nur für den Fall eine Bedeutung hat, daß m in p aufgeht, *in allen Fällen die Bedeutung beizulegen, daß es dem Wert der rechten Seite gleich sein soll.* Diese rechte Seite hat nämlich bereits für beliebige positive ganzzahlige m und beliebige positive und negative ganzzahlige p, also überhaupt für beliebige Werte des rationalen Bruches p/m Bedeutung.

Aber ein und derselbe Bruch kann auf sehr viele Arten als Quotient zweier ganzer Zahlen dargestellt werden. Die Definition (1) wird daher nur dann widerspruchslos sein, wenn es bei ihr gleichgültig ist, welche von diesen verschiedenen Darstellungsarten man für den als Exponenten auftretenden Bruch braucht. Man überzeugt sich in der Tat durch die folgende Rechnung davon, daß das wirklich der Fall ist:

$$1')\qquad a^{\frac{lp}{lm}} = \sqrt[lm]{a^{lp}} = \sqrt[m]{\sqrt[l]{a^{lp}}} = \sqrt[m]{a^p} = a^{p/m}.$$

Damit ist die Potenz einer positiven Zahl mit rationalem Exponenten in jedem Falle definiert, und zwar eindeutig, wenn wir nur den positiven Wert der Wurzel in Betracht ziehen. Um zu zeigen, daß sie auch allen Regeln der Potenzierung mit ganzzahligen Exponenten genügt, stellen wir die folgenden Rechnungen an:

$$2)\quad \begin{cases} \left(a^{\frac{m}{n}}\right)^{\frac{p}{q}} = \sqrt[q]{\left(a^{\frac{m}{n}}\right)^p} = \sqrt[q]{\left(\sqrt[n]{a^m}\right)^p} = \sqrt[q]{\sqrt[n]{a^{mp}}} = \sqrt[nq]{a^{mp}} = a^{\frac{mp}{nq}}. \\ a^{\frac{m}{n}+\frac{p}{q}} = a^{\frac{mq+pn}{nq}} = \sqrt[nq]{a^{mq+pn}} = \sqrt[nq]{a^{mq}\cdot a^{pn}} = \sqrt[nq]{a^{mq}}\cdot\sqrt[np]{a^{np}} \\ \qquad = \sqrt[n]{a^m}\sqrt[q]{a^p} = a^{\frac{m}{n}}a^{\frac{p}{q}}. \\ (ab)^{\frac{p}{q}} = \sqrt[q]{(ab)^p} = \sqrt[q]{a^p b^p} = \sqrt[q]{a^p}\sqrt[q]{b^p} = a^{\frac{p}{q}} b^{\frac{p}{q}}. \end{cases}$$

Hier hat man sich unter p, q, m, n zunächst positive Zahlen zu denken. Versteht man aber unter $a^{-\frac{p}{q}}$, indem man die Festsetzung von § 30 auf gebrochene Exponenten ausdehnt, soviel wie $\frac{1}{a^{p/q}}$, so erkennt man, wie dort, daß die Potenzgesetze

$$(a^r)^s = a^{rs}, \qquad a^{r+s} = a^r a^s, \qquad (ab)^r = a^r b^r$$

für beliebige positive und negative rationale Zahlen gelten, wobei unter a immer eine positive Zahl verstanden wird.

Insbesondere beachte man noch:

3) $$1^{\frac{p}{q}} = 1 \quad \left(\text{für jeden Bruch } \frac{p}{q} \gtreqless 0\right),$$

3') $$0^{\frac{p}{q}} = 0 \quad \left(\text{falls } \frac{p}{q} > 0\right);$$

falls $\frac{p}{q} \leqq 0$ ist, legen wir dem Zeichen $0^{\frac{p}{q}}$ überhaupt keinen Sinn bei.

Die folgenden Monotoniegesetze beweist man am einfachsten indirekt: Sind a, b beliebige positive Zahlen, $\frac{p}{q}$, $\frac{m}{n}$ dagegen rationale Zahlen $\gtreqless 0$, so gilt

4) $$\text{falls } \frac{m}{n} > \frac{p}{q} \text{ ist:} \quad a^{\frac{m}{n}} \gtreqless a^{\frac{p}{q}}, \text{ je nachdem } a \gtreqless 1 \text{ ist;}$$

und

5) $$\text{aus } b > a \text{ folgt} \quad b^{\frac{p}{q}} \gtreqless a^{\frac{p}{q}}, \text{ je nachdem } \frac{p}{q} \gtreqless 0 \text{ ist.}$$

Wir beweisen beispielsweise, daß aus $b > a$ und $\frac{p}{q} > 0$ folgt, daß $b^{\frac{p}{q}} > a^{\frac{p}{q}}$ ist. Wäre nämlich $b^{\frac{p}{q}} \leqq a^{\frac{p}{q}}$, so wäre nach § 29 (6) auch $b^p \leqq a^p$ und $b \leqq a$.

Auch die Ungleichungen (6) bis (8) von § 29 bleiben für gebrochene Exponenten bestehen. Dagegen gelten die Ungleichungen (12) und (13) von dort hier nicht in unveränderter Form; vielmehr finden wir aus den dortigen Ungleichungen und denen des § 31

für *positive Exponenten* $\mu = m/n$:

6) $$(1+\varepsilon)^{\mu} = (1+\varepsilon)^{\frac{m}{n}} < \left(1+\frac{\varepsilon}{n}\right)^{m} < \frac{1}{1-\mu\varepsilon}, (1+\varepsilon>0,\ 1-\mu\varepsilon>0),$$

7) $$\begin{cases} (1+\varepsilon)^{\mu} = (1+\varepsilon)^{\frac{m}{n}} > \left(1+\frac{1}{n}\frac{\varepsilon}{1+\varepsilon}\right)^{m} > 1+\mu\frac{\varepsilon}{1+\varepsilon}, \\ \left(1+\varepsilon>0,\ 1+\frac{1}{n}\frac{\varepsilon}{1+\varepsilon}>0\right); \end{cases}$$

diese zweite Bedingung kann gestrichen werden, weil man n durch Erweiterung des Bruches μ im Exponenten beliebig groß machen kann,

dagegen für *negative Exponenten* $\mu = -m/n$:

8) $$(1+\varepsilon)^{\mu} = (1+\varepsilon)^{-\frac{m}{n}} > \left(1+\frac{\varepsilon}{n}\right)^{-m} > 1+\mu\varepsilon,\ (1+\varepsilon>0),$$

9) $$\begin{cases} (1+\varepsilon)^{\mu} = (1+\varepsilon)^{-\frac{m}{n}} < \left(1 + \frac{1}{n}\frac{\varepsilon}{1+\varepsilon}\right)^{-m} < \dfrac{1}{1 - \mu\frac{\varepsilon}{1+\varepsilon}}, \\ \left(1+\varepsilon > 0, \quad 1 - \mu\frac{\varepsilon}{1+\varepsilon} > 0\right). \end{cases}$$

Die bei diesen Ungleichungen, ebenso wie bei ihren schon früher (§§ 29 und 31) besprochenen speziellen Fällen, auftretenden Nebenbedingungen sind für ihre Verwendung nicht störend, da wir sie hauptsächlich in Fällen anzuwenden haben werden, in welchen wir die Wahl von ε in der Hand haben. Wir können zu jedem Wert von μ eine Größe δ von der Art angeben, daß die Ungleichungen erfüllt sind, sobald $|\varepsilon| < \delta$ ist.

Ebenso wie Potenzen mit gebrochenen Exponenten durch die Gleichung (1) könnte man auch Wurzeln mit solchen Exponenten durch die Gleichung:

10) $$\sqrt[p/q]{a} = \sqrt[p]{a^q}$$

definieren; doch hat man kaum je Veranlassung dazu.

§ 35. Potenzen positiver Zahlen mit irrationalen Exponenten.

Es soll nun die Potenz a^{β} definiert werden, wenn die *irrationale* Zahl β durch den Schnitt b/B im Gebiete der *rationalen* Zahlen b, B gegeben ist; a soll zur Vermeidung der in § 33 besprochenen Schwierigkeiten positiv genommen, auch soll nur nach positiven Potenzwerten gefragt werden.

Wir bilden folgenden Schnitt $c|C$ im Gebiete der *reellen* Zahlen: falls $a \geqq 1$ ist, rechnen wir zu den C alle Zahlen, die sich in der Form a^B darstellen lassen, sowie alle Zahlen, die größer sind als irgendeine von diesen, alle übrigen Zahlen gehören zur Klasse c; falls aber $a < 1$ ist, rechnen wir zu den C alle Zahlen, die sich in der Form a^b darstellen lassen, sowie alle, die größer sind als eine dieser, die übrigen Zahlen gehören zur Klasse c (vgl. § 34 (4)). Nennen wir die durch den Schnitt $c|C$ hervorgebrachte Zahl γ, so definieren wir a^{β} durch die Gleichung

1) $$a^{\beta} = \gamma\,;$$

danach ist insbesondere stets

2) $$1^{\beta} = 1\,.$$

Ist $a > 1$, so gehören alle Zahlen, die sich in der Form a^b darstellen lassen, zu den c, denn jedes a^b ist kleiner als jedes a^B; auch gibt es dann, da $\beta = b|B$ als irrational vorausgesetzt wurde, keine größte unter den Zahlen a^b und keine kleinste unter den a^B, es ist also

$$\text{für } a > 1: \qquad a^b < a^\beta < a^B;$$

genau so schließt man

$$\text{für } a < 1: \qquad a^b > a^\beta > a^B.$$

Sind also r_1, r_2 irgend zwei rationale Zahlen und ist

3) $$r_1 < \beta < r_2,$$

so folgt aus unserer Definition (1)

4) $$a^{r_1} \lesseqgtr a^\beta \lesseqgtr a^{r_2} \qquad (\text{je nachdem } a \gtreqless 1)$$

und allgemeiner hieraus für irgend zwei reelle Zahlen β und

5) $\beta' > \beta$: $a^{\beta'} \gtreqless a^\beta$, je nachdem die positive Zahl $a \gtreqless 1$ ist.

Um $a^{\beta'} - a^\beta$ abzuschätzen, nehmen wir an, es sei $0 < \beta' - \beta < \frac{1}{n}$, n sei eine ganze Zahl; dann wählen wir zwei *rationale* Zahlen $b < \beta$ und $b' > \beta'$, deren Differenz $b' - b$ ebenfalls $< \frac{1}{n}$ ist; falls nun $a > 1$ ist, gilt

6) $$\begin{cases} 0 < a^{\beta'} - a^\beta < a^{b'} - a^b = a^b\,(a^{b'-b} - 1) \\ \qquad < a^b\left(a^{\frac{1}{n}} - 1\right) < a^{\beta'}\left(a^{\frac{1}{n}} - 1\right), \end{cases}$$

dagegen im Falle $0 < a < 1$:

7) $$\begin{cases} 0 < a^\beta - a^{\beta'} < a^b - a^{b'} = a^b\,(1 - a^{b'-b}) \\ \qquad < a^b\left(1 - a^{\frac{1}{n}}\right) < a^\beta \left|a^{\frac{1}{n}} - 1\right|. \end{cases}$$

Um also einzusehen, daß für irgendeine positive Zahl a und ür jede noch so kleine positive Zahl ε

8) $$|a^{\beta'} - a^\beta| < \varepsilon$$

wird, sofern nur β' hinreichend nahe an β liegt, haben wir nach (6), (7) nur zu zeigen, daß $\lim\limits_{n\to\infty} a^{\frac{1}{n}} = 1$ ist; ist $a > 1$ und setzt man $a^{\frac{1}{n}} - 1 = \delta_n$, so ist $a > 1 + n\,\delta_n$ (§ 29 (12)), also $0 < \delta_n < \frac{a-1}{n}$, mithin $\lim\limits_{n\to\infty} \delta_n = 0$, $\lim\limits_{n\to\infty} a^{\frac{1}{n}} = 1$; hieraus schließt man im Falle $a < 1$:

$$1 = \lim_{n\to\infty} \left(\frac{1}{a}\right)^{\frac{1}{n}} = \lim_{n\to\infty} \frac{1}{a^{\frac{1}{n}}}$$

also ebenfalls $\lim\limits_{n\to\infty} a^{\frac{1}{n}} = 1$.

Aus (8) folgt dann, falls $\beta = \lim\limits_{n\to\infty} b_n$ ist, weiter $a^\beta - a^{b_n} < \varepsilon$ von einem gewissen n ab, d. h.

9) $$\lim_{n\to\infty} a^{b_n} = a^{\lim\limits_{n\to\infty} b_n}.$$

Der Beweis der fortdauernden Gültigkeit der Potenzsätze

10) $(a^\beta)^\gamma = a^{\beta\gamma}\,,\quad a^{\beta+\gamma} = a^\beta a^\gamma\,,\quad (a\,b)^\beta = a^\beta b^\beta\,,\quad a^{-\beta} = \frac{1}{a^\beta}$

auch für beliebige irrationale Exponenten läßt sich am bequemsten mit Hilfe der Gleichung (9) und der früheren Sätze über Grenzwerte (§ 28) führen; z. B.:

11) $$\begin{cases} a^{\beta+\gamma} = a^{\lim b_n + \lim c_n} = a^{\lim (b_n + c_n)} = \lim (a^{b_n + c_n}) = \lim (a^{b_n} \cdot a^{c_n}) \\ \quad = \lim a^{b_n} \cdot \lim a^{c_n} = a^\beta a^\gamma\,. \end{cases}$$

Was die Ungleichungen betrifft, so kann man z. B. aus den Ungleichungen (§ 34 (6), (7)):

$$(1+\varepsilon)^{b_n} < \frac{1}{1 - b_n \varepsilon}\,,\qquad (1+\varepsilon)^{b_n} > 1 + \frac{b_n \varepsilon}{1+\varepsilon}$$

durch Übergang zur Grenze nur schließen, daß für $\beta \geqq 0$:

12) $$(1+\varepsilon)^\beta \leqq \frac{1}{1 - \beta\varepsilon}\,,\qquad \text{aber}\qquad \geqq 1 + \frac{\beta\varepsilon}{1+\varepsilon}$$

sein muß. Das reicht für die meisten Zwecke aus; wollte man beweisen, daß die Gleichheitszeichen nur für $\beta = 0$ bei beliebigem ε und für $\varepsilon = 0$ bei beliebigem β gelten können, so müßte man die Differenz zwischen der linken und rechten Seite von § 29 (12) und (13) genauer abschätzen.

Aus (12) ziehen wir noch folgenden Schluß: Wenn a irgendeine positive Zahl, β irgendeine reelle Zahl ist, so wird die Differenz

13) $$|a^\beta - b^\beta|$$

kleiner als eine vorgeschriebene Größe $\varepsilon > 0$, falls nur von vornherein die von a verschiedene Zahl b nahe genug bei a gewählt wurde. Setzt man nämlich $b = a(1+\delta)$, so wird

$$|a^\beta - b^\beta| = a^\beta\,|1 - (1+\delta)^\beta| \leqq a^\beta \frac{|\beta\,\delta|}{1 - \beta\delta}\,,$$

also zugleich mit δ beliebig klein. Es ist also, wenn $a = \lim\limits_{n\to\infty} a_n$ ist, $\lim\limits_{n\to\infty} |a^\beta - a_n{}^\beta| = 0$, d. h.

14) $$\left(\lim_{n\to\infty} a_n\right)^\beta = \lim_{n\to\infty} a_n{}^\beta\,.$$

Wir beweisen noch folgende Gleichung, die eine Verallgemeinerung von (9) und (14) ist:

15) $$\lim_{n\to\infty} a_n{}^{b_n} = \alpha^\beta\,,\qquad \text{falls}\quad \lim_{n\to\infty} a_n = \alpha > 0\,,\quad \lim_{n\to\infty} b_n = \beta$$

ist; oder anders ausgedrückt:

15') $$\lim_{n\to\infty} a_n{}^{b_n} = \left(\lim_{n\to\infty} a_n\right)^{\lim\limits_{n\to\infty} b_n},$$

falls die beiden Grenzwerte $\lim\limits_{n\to\infty} a_n = \alpha$ und $\lim\limits_{n\to\infty} b_n = \beta$ vorhanden sind und α positiv ist. Wir setzen

$$a_n = \alpha(1 + c_n),$$

wo dann

16) $$\lim_{n\to\infty} c_n = 0$$

ist. Da

$$a_n^{b_n} = \alpha^{b_n}(1 + c_n)^{b_n}$$

und

$$\lim_{n\to\infty} \alpha^{b_n} = \alpha^\beta$$

bereits bewiesen ist, so brauchen wir nur noch zu zeigen, daß unter der Voraussetzung (16)

$$\lim_{n\to\infty}(1 + c_n)^{b_n} = 1$$

ist. Wegen $u^{-v} = \left(\frac{1}{u}\right)^v$ dürfen wir die Voraussetzung $b_n > 0$ machen. Dann folgt aus (11), (12):

$$1 + \frac{b_n c_n}{1 + c_n} < (1 + c_n)^{b_n} < \frac{1}{1 - c_n b_n};$$

da hier die beiden äußeren Glieder für $n \to \infty$ gegen 1 konvergieren, so folgt aus § 24, IV das gleiche für das mittlere Glied.

§ 36. Weitere Beispiele von Grenzwerten.

Wir betrachten in diesem Paragraphen einige weitere Beispiele von Grenzwerten, die teils an und für sich interessant, teils für spätere Schlüsse von Wichtigkeit sind.

I. Sei z. B.:

1) $$a_n = (1 + 1/n)^n,$$

also $a_1 = 2$, $a_2 = 2{,}25$, $a_3 = 2{,}37\ldots$, $a_4 = 2{,}44\ldots$, ...

Setzen wir in der Ungleichung:

$$b^n > a^{n-1}(n b - (n-1) a)$$

(vgl. § 29 (11)):

$$b = 1 + \frac{1}{n}, \qquad a = 1 + \frac{1}{n-1},$$

so erhalten wir

2) $$a_n > a_{n-1};$$

die a_n bilden also eine steigende Zahlenfolge. Ersetzen wir aber in jener Ungleichung n durch $n + 1$, so daß sie in:

$$b^{n+1} > a^n((n+1) b - n a)$$

übergeht, und setzen dann

$$b = 1, \quad a = 1 + \frac{1}{2n},$$

so erhalten wir:

$$1 > \left(1 + \frac{1}{2n}\right)^n \{n + 1 - n - \tfrac{1}{2}\},$$

d. h.:

$$\left(1+\frac{1}{2n}\right)^n < 2\,,$$

und wenn wir beiderseits quadrieren:

3) $$a_{2n} = \left(1+\frac{1}{2n}\right)^{2n} < 4\,;$$

Da $a_{2n-1} < a_{2n}$ ist, so folgt, daß auch jedes a mit ungeradem Index kleiner als 4 ist. Die a_n bilden demnach eine Zahlenfolge der in § 25 untersuchten Art und konvergieren somit nach dem dort bewiesenen Satze gegen einen Grenzwert, den man mit e bezeichnet:

4) $$e = \lim_{n\to\infty}\left(1+\frac{1}{n}\right)^n.$$

Diese Zahl e kommt in der Analysis ebenso häufig vor, wie die Zahl $\pi = 3{,}14159\ldots$, die etwa als $\lim\limits_{n\to\infty} f_n$ definiert ist, wenn f_n den Flächeninhalt des regulären 2^{n+2}-Ecks mißt, das einen Kreis vom Radius 1 einbeschrieben ist. e und π sind irrationale Zahlen, was wir allerdings hier nicht beweisen können. Die vorhergehenden Schlüsse, die sich auf den Satz von § 25 stützen, geben uns zwar in der Theorie ein Mittel, um diese Zahl e mit jeder verlangten Genauigkeit zu berechnen; wir müssen nur n dazu groß genug nehmen. Aber wir können weder vor Beginn der Rechnung wissen, wie groß wir n zu nehmen haben, noch auch nur, wenn wir einen bestimmten Wert von n gewählt und mit ihm die Rechnung ausgefürt haben, beurteilen, wie groß die mit ihm erreichte Genauigkeit ist. Die oben angegebenen Werte der ersten a_n zeigen nur, daß e zwischen 2,44 und 4 liegt; dadurch ist also noch nicht einmal die erste geltende Ziffer bestimmt. Wir können jenem Mangel dadurch abhelfen, daß wir gleichzeitig noch eine zweite Zahlenfolge in Betracht ziehen, die abnehmend gegen denselben Grenzwert e konvergiert. Dazu gehen wir aus von der Doppelungleichung (vgl. § 29 (12), (13)):

5) $$1-\frac{1}{n} < \left(1-\frac{1}{n^2}\right)^n < \frac{1}{1+1/n}\,;$$

aus ihr folgt nach § 24, IV die Grenzgleichung:

6) $$\lim_{n\to\infty}\left(1-\frac{1}{n^2}\right)^n = 1\,,$$

und aus dieser nach (4) und § 28:

7) $$\lim_{n\to\infty}\left(1-\frac{1}{n}\right)^n = \frac{\lim\,(1-1/n^2)^n}{\lim\,(1+1/n)^n} = \frac{1}{e}\,.$$

Die Zahlen:

8) $$b_n = \left(1 - \frac{1}{n}\right)^{-n}$$

bilden also ebenfalls eine gegen e konvergierende Zahlenfolge. Daß diese Folge eine fallende ist, erkennt man, wenn man in der Ungleichung § 29 (10):

$$b = 1 - \frac{1}{m}, \qquad a = 1 - \frac{1}{m-1}$$

setzt; man erhält dann:

9) $$b_n < b_{n-1}.$$

In der Tat ist z. B. $b_2 = 4$, $b_3 = 3{,}375$, $b_4 = 3{,}160\ldots$ Nach (8) ist $b_{n+1} = a_n\left(1 + \frac{1}{n}\right)$, also:

$$e - a_n < b_{n+1} - a_n = \frac{a_n}{n}$$
$$< \frac{4}{n};$$

a_n liefert also e mindestens auf $\frac{4}{n}$ genau.

Will man e auf diesem Wege mit einiger Genauigkeit berechnen, so wird man zweckmäßigerweise für n eine Potenz von 2 wählen, weil man dann die erforderlichen Potenzerhebungen durch sukzessives Quadrieren ausführen kann. So hat man z. B.: $(1 + 1/64) = 1{,}0156$, also $(1 + 1/64)^2 = 1{,}0314$ usw. $(1 + 1/64)^{64} = 2{,}689$; ebenso findet man $(1 - \frac{1}{64})^{-64} = 2{,}739$. Also liegt e zwischen 2,69 und 2,74. — Wir werden übrigens später (§ 58) eine Formel kennen lernen, die uns gestatten wird, die Zahl e mit viel geringerer Mühe weit genauer zu berechnen. Aber bei Ableitung jener Formel werden wir voraussetzen müssen, daß der Beweis der Gleichungen (4) und (7) bereits erbracht sei. Ähnlich verhält sich die Sache in vielen Fällen: diejenigen Formeln, die zum Rechnen die bequemsten sind, sind häufig nicht geeignet, als Ausgangspunkt der Entwicklung zu dienen.

II. Seien irgend zwei positive Zahlen:

10) $$a_0 < b_0$$

gegeben; wir bilden aus ihnen das geometrische und das arithmetische Mittel:

11) $$a_1 = \sqrt{a_0 b_0}, \qquad b_1 = \tfrac{1}{2}(a_0 + b_0).$$

Das erstere ist immer kleiner als das letztere; denn aus der selbstverständlichen Ungleichung:

12) $$0 < (a_0 - b_0)^2$$

folgt durch beiderseitige Addition von $4\,a_0\,b_0$:

$$4\,a_0\,b_0 < (a_0 + b_0)^2$$

und hieraus durch Division mit 4 und Ausziehung der positiv genommenen Quadratwurzel:

13) $$a_1 < b_1 \,.$$

Aus diesen beiden Zahlen bilden wir wieder das geometrische und das arithmetische Mittel:

$$a_2 = \sqrt{a_1 b_1}, \qquad b_2 = \tfrac{1}{2}(a_1 + b_1);$$

und so fahren wir fort:

$$a_3 = \sqrt{a_2 b_2}, \qquad b_3 = \tfrac{1}{2}(a_2 + b_2),$$

$$\cdots\cdots\cdots\cdots$$

Die a bilden eine steigende, die b eine fallende Folge; jedes a ist kleiner als b_0, jedes b ist größer als a_0. Aus § 25 folgt, daß jede der beiden Folgen gegen einen bestimmten Grenzwert konvergieren muß; wir wollen zeigen, daß diese beiden Grenzwerte einander gleich sind. Zu diesem Zweck gehen wir aus von der Gleichung:

14) $$b_1^2 - a_1^2 = \tfrac{1}{4}(b_0 - a_0)^2$$

und der Ungleichung:

15) $$b_1 + a_1 > \tfrac{1}{2}(b_0 + a_0);$$

aus beiden zusammen folgt:

$$b_1 - a_1 < \tfrac{1}{2}(b_0 - a_0).$$

Ebenso ergibt sich weiter:

$$b_2 - a_2 < \tfrac{1}{2}(b_1 - a_1) < \tfrac{1}{4}(b_0 - a_0),$$
$$b_3 - a_3 < \tfrac{1}{2}(b_2 - a_2) < \tfrac{1}{8}(b_0 - a_0),$$

$$\cdots\cdots\cdots\cdots$$

16) $$b_n - a_n < \frac{1}{2^n}(b_0 - a_0),$$

und daraus schließlich, da wir die Existenz der Grenzwerte $\lim\limits_{n\to\infty} a_n$ und $\lim\limits_{n\to\infty} b_n$ bereits bewiesen haben:

17) $$\lim_{n\to\infty} b_n - \lim_{n\to\infty} a_n = 0,$$

w. z. b. w. Man nennt diesen gemeinsamen Grenzwert *„das arithmetisch-geometrische Mittel aus a_0 und b_0"*.

Die Näherungswerte konvergieren hier viel rascher gegen den Grenzwert, als bei der Berechnung von e; ist z. B.:

$$a_0 = 0{,}2, \qquad b_0 = 1,$$

so ergibt sich:

$$\begin{aligned} a_1 &= 0{,}44721\,, & b_1 &= 0{,}6\,, \\ a_2 &= 0{,}51800\,, & b_2 &= 0{,}52361\,, \\ a_3 &= 0{,}52079\,, & b_3 &= 0{,}52081\,. \end{aligned}$$

Also ist das arithmetisch-geometrische Mittel aus 0·2 und 1 auf 4 Dezimalstellen genau gleich 0,5208.

III. Eine ähnliche Regel wie die zur Bildung des arithmetisch-geometrischen Mittels führt auch zur Berechnung der Zahl π. Bezeichnet man nähmlich mit e_n und u_n Maßzahlen der Flächeninhalte der einem Kreise vom Radius 1 ein- und umbeschriebenen regelmäßigen Vielecke von 2^{n+2} Seiten, so bestehen die Gleichungen:

18) $$e_{n+1} = \sqrt{e_n u_n}, \qquad u_{n+1} = \frac{2\, u_n e_{n+1}}{u_n + e_{n+1}},$$

wie man mit Hilfe ähnlicher Dreiecke oder durch elementare trigonometrische Formeln ohne Mühe zeigen kann. Läst man n über alle Grenzen wachsen, so findet man:

$$\lim_{n \to \infty} e_n = \lim_{n \to \infty} f_n\,.$$

Der Beweis gestaltet sich am bequemsten, wenn man statt der Flächeninhalte ihre reziproken Werte einführt:

19) $$f_n = 1/e_n\,, \qquad v_n = 1/u_n\,;$$

die Gleichungen (18) gehen dann über in:

20) $$f_{n+1} = \sqrt{f_n v_n}, \qquad v_{n+1} = \tfrac{1}{2}(f_{n+1} + v_n).$$

Geht man von irgend zwei Zahlen, f_0, v_0 aus, von denen die erstere die größere ist, so nehmen die f_n mit wachsendem Index ab, die v_n zu; aber alle f_n und alle v_n liegen zwischen f_0 und v_0. Daraus folgt wieder nach § 25 die Existenz der Grenzwerte $\lim\limits_{n \to \infty} f_n$ und $\lim\limits_{n \to \infty} v_n$. Um zu zeigen, daß diese beiden Grenzwerte einander gleich sind, bilden wir:

$$\begin{aligned} f_1 - v_1 &= \tfrac{1}{2}(f_1 - v_0) < \tfrac{1}{2}(f_0 - v_0)\,, \\ f_2 - v_2 &\qquad\qquad\quad < \tfrac{1}{2}(f_1 - v_1)\,, \\ &\cdot\ \cdot\ \cdot\ \cdot\ \cdot\ \cdot\ \cdot\ \cdot \\ f_n - v_n &< \frac{1}{2^n}(f_0 - v_0)\,; \end{aligned}$$

daraus folgt wie unter II.: *Nimmt man für e_0, u_0 die Flächeninhalte der ein- und umbeschriebenen Quadrate, so erhält man als gemeinsamen Grenzwert von e_n und u_n die Zahl π.*

Man findet

$$\begin{aligned} f_0 &= 0{,}5, & v_0 &= 0{,}25, \\ f_1 &= 0{,}3557, & v_1 &= 0{,}3018, \\ f_2 &= 0{,}3268, & v_2 &= 0{,}3143, \\ f_3 &= 0{,}3205, & v_3 &= 0{,}3174, \\ f_4 &= 0{,}3188, & v_4 &= 0{,}3181. \end{aligned}$$

Also ist bis auf eine Einheit der letzten angegebenen Stelle genau:

$$\pi^{-1} = 0{,}318, \quad \pi = 3{,}14.$$

§ 37. Logarithmen.

Sind a, b gegebene Zahlen, so heißt der Exponent μ, für den

1) $$a^\mu = b$$

ist, *der Logarithmus von b für die Basis a*:

2) $$\mu = \log_a b,$$

b heißt *Logarithmandus* oder *Numerus*. Danach gilt für jede von Null verschiedene Basis a:

3) $$\log_a a = 1, \quad \log_a 1 = 0.$$

Sind a und b *positive* Zahlen, so kann die eindeutige Existenz von $\log_a b$ folgendermaßen bewiesen werden:

Sei zunächst $a > 1$. Dann wächst nach § 35 a^μ mit wachsendem μ und ist nach § 30 (6) für negative ganzzahlige $\mu = -m$ kleiner als:

$$\frac{1}{1 + m(a-1)},$$

also beliebig klein, wenn m hinlänglich groß ist, dagegen für positive ganzzahlige $\mu = m$ nach § 29 (12) größer als:

$$1 + m(a-1),$$

also beliebig groß, wenn m hinlänglich groß ist. Es gibt also sowohl Werte von μ, für die $a^\mu < b$, als auch solche, für die $a^\mu > b$ ist. Damit haben wir eine Teilung der reellen Zahlen in zwei Klassen $m \mid M$, die durch die Ungleichungen:

4) $$a^m \leqq b, \quad a^M > b$$

definiert sind. Dabei ist jedes m kleiner als jedes M; nennt man dann μ die durch den Schnitt $m \mid M$ definierte Zahl, so ist, wie wir zeigen wollen,

4') $$a^\mu = b, \quad \text{d. h.} \quad \mu = \log_a b,$$

(m. a. W., μ ist die größte der Zahlen m).

Wir beweisen das am einfachsten, indem wir aus den m und aus den M je eine Folge von Zahlen m_n, bzw. M_n auswählen, die gegen μ konvergieren. Aus

$$a^{m_n} \leqq b \qquad (n = 1, 2, 3 \ldots)$$

folgt nach § 35 (9) und § 24, III, daß auch:

$$a^\mu \leqq b$$

sein muß; und aus:

$$a^{M_n} > b \qquad (n = 1, 2, 3 \ldots)$$

folgt ebenso, daß:

$$a^\mu \geqq b$$

sein muß. Beides zusammen gibt die zu beweisende Gleichung (4').

Auf diese Weise erhalten wir *zu jedem positiven Logarithmandus und zu jeder Basis, die größer als 1 ist, einen eindeutig definierten Logarithmus.* Die zu einer und derselben Basis gehörenden Logarithmen bilden ein *Logarithmensystem.*

Der Fall $a < 1$ kann in gleicher Weise behandelt werden; oder man kann ihn vermittelst der Gleichung:

$$a^\mu = \left(\frac{1}{a}\right)^{-\mu}$$

§ 35 (10) auf den vorigen zurückführen. Die Zahl 1 selbst ist als Basis eines Logarithmensystems ebenso anzuschließen, wie die Null als Divisor (§ 11).

Die Gesetze des Logarithmierens ergeben sich aus denjenigen des Potenzierens. Aus:

$$a^{\beta + \gamma} = a^\beta\, a^\gamma$$

(§ 35 (10)) folgt, indem man:

$$a^\beta = b, \qquad a^\gamma = c,$$

also:

$$\beta = \log_a b, \qquad \gamma = \log_a c, \qquad \beta + \gamma = \log_a (b\, c)$$

setzt, daß

5) $$\log_a b + \log_a c = \log_a (b\, c)$$

ist. Ebenso ergibt sich die Gleichung:

5') $$\log_a b - \log_a c = \log_a (b/c)\,.$$

Ferner setzen wir in der Gleichung: $(a^\beta)^\gamma = a^{\beta\gamma}$

$$a^\beta = b\,, \qquad a^{\beta\gamma} = b^\gamma\,,$$

also

$$\beta = \log_a b\,, \qquad \beta\,\gamma = \log_a b^\gamma\,;$$

wir erhalten dann:

6) $$\gamma \log_a b = \log_a b^\gamma .$$

Endlich erhalten wir eine Formel für den Übergang von einem Logarithmensystem zu einem beliebigen andern, indem wir aus den drei zusammen bestehenden Gleichungen:

$$a^\beta = b, \quad b^\gamma = c, \quad a^{\beta\gamma} = c$$

auf Grund der Definition des Logarithmus die drei andern entnehmen:

$$\beta = \log_a b, \quad \gamma = \log_b c, \quad \beta\gamma = \log_a c;$$

aus ihnen ergibt sich:

7) $$\log_a c = \log_b c \cdot \log_a b;$$

speziell für $c = a$:

8) $$\log_b a = 1/\log_a b.$$

Außer diesen Gleichungen brauchen wir noch einige Ungleichungen; wir wollen uns aber bei ihrer Aufstellung auf den Fall $a > 1$ beschränken, da nur dieser später gebraucht wird. Wir erhalten sie mit Hilfe der Bemerkung, daß für diesen Fall zu dem größeren Logarithmanden der größere Logarithmus gehört (s. § 35 (5)), aus den Ungleichungen (12) von § 35. So folgt aus der ersten dieser Ungleichungen, indem man auf beiden Seiten die Logarithmen nimmt, zunächst:

$$\mu \log_a (1 + \varepsilon) \leqq - \log_a (1 - \mu \varepsilon)$$

(man beachte, daß die rechte Seite positiv ist, da der in ihr vorkommende Logarithmus negativ ist), und wenn man

$$1 + \varepsilon = a, \quad 1 - \mu\varepsilon = 1 - b$$

setzt, was

$$\mu = \frac{b}{a-1}$$

ergibt:

9) $$- \log_a (1 - b) \geqq \frac{b}{a-1}, \quad (0 < b < 1).$$

Ebenso erhält man aus der zweiten der Ungleichungen (12) des § 35 zunächst:

$$\mu \log_a (1 + \varepsilon) \geqq \log_a \left(1 + \mu \frac{\varepsilon}{1+\varepsilon}\right)$$

und durch die Substitutionen:

$$1 + \varepsilon = a, \quad 1 + \frac{\varepsilon\mu}{1+\varepsilon} = 1 + b$$

weiter:

10) $$\log_a(1+b) \leqq \frac{ab}{a-1}, \qquad (0 < b).$$

Setzt man in (9):

$$1 - b = \frac{1}{1+\beta}, \qquad b = \frac{\beta}{1+\beta},$$

so erhält man noch:

11) $$\log_a(1+\beta) \geqq \frac{1}{a-1}\,\frac{\beta}{1+\beta}, \qquad (0 < \beta).$$

Ebenso erhält man aus (10) durch die Substitutionen:

$$1 + b = \frac{1}{1-\beta}, \qquad b = \frac{\beta}{1-\beta}$$

die Ungleichung:

12) $$-\log_a(1-\beta) \leqq \frac{a}{a-1}\,\frac{\beta}{1-\beta}, \qquad (0 < \beta < 1).$$

Ist β kleiner als ein echter Bruch B, so werden die Ungleichungen (11) und (12) verstärkt, wenn man in den Nennern ihrer rechten Seiten β durch B ersetzt; die so entstehenden Ungleichungen kann man mit (9) und (10) in den einen Doppelsatz zusammenziehen:

Zu einer gegebenen Basis $a > 1$ und einem gegebenen echten Bruch B kann man zwei nur von a und B, nicht von β abhängige positive Zahlen c_1, c_2 so bestimmen, daß

13) $$\log_a(1+\beta)| < c_1\beta,$$

14) $$|\log_a(1+\beta)| > c_2\beta$$

ist, sobald $|\beta| < B$ ist.

Aus (13) schließt man noch: Wenn die positiven Zahlen b_n den positiven Grenzwert b haben, so ist

15) $$\log_a b \quad \lim_{n\to\infty}\left(\log_a b_n\right) \qquad \text{oder} \qquad \log_a\left(\lim_{n\to\infty} b_n\right) = \lim_{n\to\infty}\left(\log_a b_n\right).$$

Setzt man nämlich $\frac{b}{b_n} = 1 + \beta_n$, so wird nach Voraussetzung β_n mit unbegrenzt wachsendem n beliebig klein, also wird nach (13) auch

$$|\log_a b - \log_a b_n| = |\log(1+\beta_n)|$$

beliebig klein.

Die *Berechnung* der Logarithmen kann mit Hilfe des in § 17 geschilderten Verfahrens direkt an die Definition angeknüpft werden. Dabei müßte man aber, um die einzelnen Näherungswerte daraufhin zu prüfen, ob sie zu klein oder zu groß sind, jedesmal die betreffende Potenz mit gebrochenem Exponenten durch eine Wurzelausziehung ersetzen und diese mit der erforderlichen Genauigkeit vornehmen. Um sich beispielsweise zu überzeugen, daß $\log_{10} 2 > 0{,}30$ aber $< 0{,}31$ ist, hätte man $\sqrt[10]{10^3}$ und $\sqrt[100]{10^{31}}$ so weit zu berechnen, bis man erkannt hat, daß die erste Wurzel < 2; die zweite > 2 ist. So zu verfahren wäre äußerst weitläufig, wenn eine ganze Logarithmentafel berechnet werden sollte. Die ersten Berechner von Logarithmentafeln sind in der Weise vorgegangen, daß sie zuerst zu einer Reihe von Logarithmen (z. B. $\frac{1}{2}, \frac{1}{4}, \frac{1}{8}, \ldots$) die zugehörigen Logarithmanden (Numeri) durch Radizieren ableiteten, aus diesen weitere mit Hilfe der Formel (5); sie erhielten so zunächst eine „Antilogarithmentafel", aus der dann durch Interpolation eine Logarithmentafel abgeleitet werden konnte. Bequemere Methoden zur Berechnung einzelner Logarithmen werden wir später (§ 60) kennen lernen.

Wir zeigen noch: *Der gemeine oder aekadische* (d. h. zur Basis 10 gehörige) *Logarithmus einer (positiven) rationalen Zahl r ist irrational, außer wenn r gleich* $1, 10, \frac{1}{10}, 100, \frac{1}{100}, 1000, \frac{1}{1000} \ldots$ (*also* $\log_{10} r = 0, 1, -1, 2, -2, 3, -3, \ldots$) *ist.*

Wegen $\log_{10} \frac{1}{r} = -\log_{10} r$ dürfen wir $r > 1$, also $\log_{10} r > 0$ voraussetzen. Wären nun a und b zwei positive teilerfremde ganze Zahlen, desgleichen p und q, und wäre $\log_{10} \frac{a}{b} = \frac{p}{q}$, so wäre

$$\frac{a}{b} = 10^{\frac{p}{q}},$$

also

$$a^q = b^q \cdot 10^p .$$

Da nach Voraussetzung b^q keinen in a^q enthaltenen Primfaktor besitzt, besagt diese Gleichung $b^q = 1$, also $b = 1$; danach hat a^q keine anderen Primfaktoren als 2 und 5 und jeden gleich oft; das gleiche gilt daher auch für a selbst, d. h. a ist eine Potenz von 10 mit ganzzahligem Exponenten, w. z. b. w.

SECHSTER ABSCHNITT.

Unendliche Reihen.

§ 38. Definitionen.

Unter den verschiedenen Formen, in denen wir einen Grenzprozeß darstellen können, ist die handlichste die *der unendlichen Reihe.* Sie kommt zustande, indem wir nicht für die Näherungswerte selbst besondere Zeichen einführen, sondern für die „*Korrektionen*", die wir an jedem einzelnen Näherungswert anbringen müssen, um den nächstfolgenden aus ihm zu erhalten. Haben wir nämlich eine unbegrenzte Zahlenfolge:

1) $$s_0,\ s_1,\ s_2,\ \ldots,\ s_n,\ \ldots$$

und setzen wir:

2) $$s_0 = a_0,\ s_1 - s_0 = a_1,\ s_2 - s_1 = a_2,\ \ldots,\ s_n - s_{n-1} = a_n,\ \ldots,$$

so erhalten wir:

3) $$s_n = a_0 + a_1 + a_2 + \ldots + a_n.$$

Konvergiert die vorgelegte Folge gegen einen bestimmten Grenzwert σ, ist also:

4) $$\lim_{n \to \infty} s_n = \sigma,$$

so erhalten wir durch die Substitution (3):

5) $$\lim_{n \to \infty} (a_0 + a_1 + a_2 + \ldots + a_n) = \sigma.$$

Statt dessen pflegt man zu schreiben:

6) $$a_0 + a_1 + a_2 + \ldots + a_n + \ldots \text{ in inf.} = \sigma$$

oder kürzer:

7) $$\sum_{n=0}^{\infty} a_n = \sigma$$

und zu sagen: *Die unendliche Reihe:*

$$a_0 + a_1 + a_2 + \ldots + a_n + \ldots$$

konvergiert und σ ist ihre Summe; man muß sich aber bei Gebrauch dieser Ausdrucks- und Schreibweise immer daran erinnern, daß damit die Gleichung (5) gemeint ist, und daß eine solche unendliche Reihe keine Bedeutung hat, wenn die Folge (1) nicht wirklich eine konvergente Zahlenfolge ist. Eine nicht konvergente Reihe heißt *divergent.*

Wir haben in § 22 den Satz kennen gelernt, daß die Folge (1) dann und nur dann gegen einen bestimmten Grenzwert konvergiert, wenn man zu jeder gegebenen positiven Größe ε eine Zahl n so bestimmen kann, daß

$$|s_{n+p} - s_n| < \varepsilon$$

wird für jedes positive p. Das können wir jetzt so aussprechen:

Die unendliche Reihe (6) konvergiert dann und nur dann, wenn man zu jeder positiven Größe ε eine Zahl n so bestimmen kann, daß

8) $$|a_{n+1} + a_{n+2} + \dots + a_{n+p}| < \varepsilon$$

wird für jedes positive p.

Insbesondere folgt aus (8) für $p = 1$:

8') $$|a_{n+1}| < \varepsilon\,,$$

d. h. eine *notwendige* (aber nicht hinreichende) Konvergenzbedingung ist, daß die einzelnen Reihenglieder a_n gegen Null konvergieren, wenn n ins Unendliche wächst.

Die Differenz $\sigma - s_n$ nennt man auch den Rest der (nach $n + 1$ Gliedern $a_0 + a_1 + \dots + a_n$ abgebrochenen Reihe) und bezeichnet ihn mit r_{n+1}. Nach § 24, VI wird r_{n+1} durch die konvergente Folge $s_0 - s_n,\ s_1 - s_n,\ s_2 - s_n, \dots$ oder auch (§ 22 (4)) durch die konvergente Folge $s_{n+1} - s_n,\ s_{n+2} - s_n,\ s_{n+3} - s_n, \dots$ d. h. durch die unendliche Reihe

$$a_{n+1} + a_{n+2} + a_{n+3} + \dots$$

dargestellt.

Wenn die Reihe $\Sigma|a_n|$ konvergiert, konvergiert auch die Reihe (6). Denn nach Voraussetzung kann man zu jedem ε das n so bestimmen, daß

$$|a_{n+1}| + |a_{n+2}| + \dots + |a_{n+p}| < \varepsilon$$

bleibt. Daraus folgt nach § 10 (9), daß auch die Bedingung (8) stets erfüllt werden kann. Der umgekehrte Satz gilt aber nicht, wie man an Beispielen erkennt. Das gibt zu einer wichtigen Unterscheidung unter den konvergenten unendlichen Reihen Anlaß: *eine Reihe, die konvergent bleibt, wenn man alle Glieder durch ihre absoluten Beträge ersetzt, heißt absolut konvergent.*

§ 39. Geometrische Reihen.

Eine Reihe heißt geometrisch, wenn der Quotient je zweier aufeinanderfolgender Glieder immer derselbe ist, wenn sie also die Form hat:

1) $$a + ab + ab^2 + \dots + ab^n + \dots$$

Die Summe der $n+1$ ersten Glieder einer solchen Reihe ist nach § 29 (9):

2) $$s_n = a\frac{1-b^{n+1}}{1-b}, \quad \text{falls } b \neq 1 .$$

Aus der Ungleichung § 29 (13) geht hervor, daß $\lim\limits_{n\to\infty} b^n$ existiert und gleich Null ist, wenn $|b| < 1$ ist; unter dieser Bedingung ist also:

3) $$\sum_{n=0}^{\infty} a b^n = \lim_{n\to\infty} s_n = \frac{a}{1-b}$$

Ist aber $|b| > 1$, so geht aus der Ungleichung § 29 (12) hervor, daß b^n mit wachsendem n ebenfalls über alle Grenzen wächst; dann divergiert also die unendliche Reihe. Der Fall $|b| = 1$ bedarf gesonderter Untersuchung: Für $b = -1$ wird $s_n = 0$ oder $= a$, je nachdem n ungerade oder gerade ist; auch in diesem Falle findet also keine Annäherung an einen bestimmten Grenzwert statt. Für $b = +1$ versagt die Formel (2), da man in diesem Falle nicht mit $1 - b$ dividieren kann. Man findet aber durch direkte Betrachtung der ursprünglichen Form (1), daß in diesem Falle:

4) $$s_n = n a$$

ist; also wächst hier die Reihensumme mit wachsender Gliederzahl über alle Grenzen. Das Resultat dieser Untersuchung der einzelnen Fälle ist demnach:

Die geometrische Reihe (1) *konvergiert absolut, und zwar gegen den Wert* (3), *wenn* $|b| < 1$ *ist; dagegen divergiert sie, wenn* $|b| \geqq 1$ *ist.*

Als solche geometrische Reihen lassen sich auch die *periodischen unendlichen Dezimalbrüche* auffassen; z. B. bedeutet 0,272727 .. nichts anderes als:

$$\frac{27}{100} + \frac{27}{100^2} + \frac{27}{100^3} + \dots = \frac{27}{100} \cdot \frac{1}{1 - \frac{1}{100}} = \frac{27}{99} = \frac{3}{11} \text{ (vgl. § 19).}$$

§ 40. Harmonische Reihen.

Der Name „*harmonische Reihe*" kommt eigentlich der Reihe:

1) $$\sum_{n=1}^{\infty}\frac{1}{n} \equiv 1 + \frac{1}{2} + \frac{1}{3} + \ldots + \frac{1}{n} + \ldots$$

zu. Diese Reihe ist *divergent*, wie man folgendermaßen zeigt. Es ist:

$$\frac{1}{3} + \frac{1}{4} > \frac{1}{4} + \frac{1}{4}, \text{ d. i. } > \frac{1}{2}$$

$$\frac{1}{5} + \frac{1}{6} + \frac{1}{7} + \frac{1}{8} > \frac{1}{8} + \frac{1}{8} + \frac{1}{8} + \frac{1}{8}, \text{ d. i. } > \frac{1}{2}$$

$$\frac{1}{9} + \frac{1}{10} + \ldots + \frac{1}{16} > \frac{8}{16}, \qquad \text{d. i. } > \frac{1}{2}.$$

. . . .

Folglich ist:

2) $$\sum_{n=1}^{2^k}\frac{1}{n} > 1 + \frac{k}{2},$$

und diese Summe kann also jede noch so große Zahl übertreffen wenn man nur k hinlänglich groß nimmt.

Der Name ist dann auch auf die Reihe:

3) $$\sum_{n=1}^{\infty}\frac{1}{n^{1+s}}$$

übertragen worden. *Diese Reihe ist in der Tat konvergent, wenn s eine* (noch so kleine) *positive Zahl bedeutet.* Es ist nämlich:

$$\frac{1}{2^{1+s}} + \frac{1}{3^{1+s}} < \frac{2}{2^{1+s}}, \text{ d. i. } < \frac{1}{2^s},$$

$$\frac{1}{4^{1+s}} + \frac{1}{5^{1+s}} + \frac{1}{6^{1+s}} + \frac{1}{7^{1+s}} < \frac{4}{4^{1+s}}, \text{ d. i. } < \frac{1}{4^s},$$

$$\frac{1}{8^{1+s}} + \frac{1}{9^{1+s}} + \ldots + \frac{1}{15^{1+s}} < \frac{8}{8^{1+s}}, \text{ d. i. } < \frac{1}{8^s},$$

. . . .

also:

4) $$\sum_{n=1}^{2^k-1}\frac{1}{n^{1+s}} < \frac{1}{1^s} + \frac{1}{2^s} + \ldots + \frac{1}{2^{(k-1)s}} < \frac{1}{1-\frac{1}{2^s}}.$$

Die Summe der n ersten Glieder unserer Reihe kann also, wie groß man n auch nimmt, die endliche Zahl:

$$\frac{2^s}{2^s-1}$$

niemals übersteigen. Da sie andererseits mit wachsendem n fortwährend wächst, so folgt aus dem Satze von § 25, daß sie gegen eine bestimmte Grenze konvergieren muß, w. z. b. w.

Zur wirklichen Bestimmung dieser Grenze (die noch von s abhängen wird) gibt uns, wie damals auseinandergesetzt, jener Satz kein Mittel. Wir werden aber aus der bewiesenen Konvergenz der Reihe (2) für $s < 0$ auf die Konvergenz anderer Reihen schließen können, deren Untersuchung zu unserem Gegenstande gehört.

§ 41. Kriterien absoluter Konvergenz.

Die beim Beweise des letzten Lehrsatzes angewandte Schlußweise kann als ein besonderer Fall des folgenden allgemeinen Satzes angesehen werden:

Wenn die Reihe Σa_n absolut konvergiert; wenn ferner die Zahlen b_n alle absolut nicht größer sind als eine bestimmte von n unabhängige positive Zahl G, dann konvergiert auch die Reihe $\Sigma(a_n b_n)$.

Es ist nämlich unter der angegebenen Voraussetzung:

$$|a_{n+1} b_{n+1}| + \cdots + |a_{n+p} b_{n+p}| \leqq (|a_{n+1}| + \cdots + |a_{n+p}|) G;$$

sobald es also möglich ist, zu gegebenem ε das n so groß zu wählen, daß:

$$|a_{n+1}| + \cdots + |a_{n+p}| < \varepsilon / G$$

wird für jedes positive p, wird damit zugleich auch:

$$|a_{n+1} b_{n+1}| + \cdots + |a_{n+p} b_{n+p}| < \varepsilon$$

für jedes p; also konvergiert auch die Summe der $a_n b_n$.

Die Bedingung, daß die $|b_n|$ alle kleiner oder höchstens gleich G sein sollen, ist unter anderem stets erfüllt, wenn $\lim\limits_{n \to \infty} b_n$ existiert.

Aus dem angegebenen allgemeinen Satze erhält man verschiedene spezielle, wenn man in ihm für Σa_n spezielle Reihen nimmt. Für unsere Zwecke genügt es, die beiden in den beiden letzten Paragraphen untersuchten speziellen Reihen zu wählen. Wir erhalten so:

I. *Das* CAUCHY*sche Konvergenzkriterium: Wenn der Quotient zweier aufeinanderfolgender Glieder einer Reihe, c_{n+1}/c_n, von einem gewissen Gliede an eine positive Größe b, die selbst kleiner als 1 ist, absolut genommen nicht mehr überschreitet, konvergiert die Reihe.*

Denn dann ist:

$$\begin{aligned} |c_{n+1}| &\leqq |b\, c_n|, \\ |c_{n+2}| &\leqq |b\, c_{n+1}| \leqq |b^2 c_n|, \\ &\cdots\cdots \\ |c_{n+p}| &\leqq |b\, c_{n+p-1}| \leqq \cdots \leqq |b^p c_n|, \\ &\cdots\cdots \end{aligned}$$

Die Glieder der Reihe Σc_n sind also vom n^{ten} an dem absoluten Betrage nach nicht größer als die der Reihe $c_n(b + b^2 + \ldots + b^p + \ldots)$; da diese Reihe für $|b| < 1$ absolut konvergiert, konvergiert unter derselben Bedingung auch die vorgelegte Reihe.

In derselben Art kann man auch beweisen: Ist der Quotient c_{n+1}/c_n von einer bestimmten Stelle an absolut $\geqq b > 1$, so divergiert die Reihe.

Die Bedingung, daß die Quotienten c_{n+1}/c_n wenigstens von einer gewissen Ordnungszahl an alle absolut $\leqq b < 1$ sein sollen, ist u. a. stets erfüllt, wenn $\lim\limits_{n\to\infty}(c_{n+1}/c_n)$ existiert und kleiner als 1 ist; dagegen nicht immer, wenn dieser Grenzwert gleich 1 ist.

II. *Das* RAABE*sche Konvergenzkriterium: Sind die c_n positiv und bleibt das Produkt:*

$$n(1 - c_{n+1}/c_n) \tag{1}$$

wenigstens von einer bestimmten Ordnungszahl an algebraisch größer als eine bestimmte Zahl γ, die selbst größer als 1 ist; so konvergiert die Reihe.

Wir dürfen uns γ rational denken, weil wir sonst γ durch irgend eine rationale Zahl γ' zwischen 1 und γ ersetzen könnten. Aus der Voraussetzung (1):

$$c_{n+1} < \left(1 - \frac{\gamma}{n}\right) c_n$$

folgt dann nach § 34, (7):

$$c_{n+1} < \left(1 - \frac{1}{n+1}\right)^{\gamma} c_n$$

und ebenso:

$$c_{n+2} < \left(1 - \frac{1}{n+2}\right)^{\gamma} c_{n+1} < \left(\frac{n}{n+2}\right)^{\gamma} c_n,$$

$$c_{n+3} < \left(\frac{n}{n+3}\right)^{\gamma} c_n,$$

$$\cdots\cdots\cdots$$

also:

$$c_{n+1} + c_{n+2} + \ldots < n^{\gamma} c_n \left\{\frac{1}{(n+1)^{\gamma}} + \frac{1}{(n+2)^{\gamma}} + \frac{1}{(n+3)^{\gamma}} + \ldots\right\}.$$

Da die Reihe rechts nach § 40 für $\gamma > 1$ konvergiert, so konvergiert auch die Reihe links unter dieser Bedingung; w. z. b. w.

Mit Hilfe des RAABEschen Kriteriums läßt sich eine Reihe von Fällen erledigen, über die das CAUCHYsche Kriterium keine Auskunft gibt; aber auch das RAABEsche erledigt nicht alle möglichen Fälle. In der Tat ist es nicht möglich, ein alle denkbaren

Fälle umfassendes Kriterium anzugeben: wenn irgendeine konvergente Reihe vorgelegt ist, kann man immer auf mannigfaltige Arten noch andere Reihen bilden, die auch noch konvergieren, aber schlechter als die vorgelegte, so daß über ihre Konvergenz durch Vergleich mit dieser nichts entschieden werden kann.

§ 42. Konvergenz von Reihen mit abwechselnd positiven und negativen Gliedern.

Von Reihen, deren Glieder nicht, wenigstens von einer bestimmten Ordnungszahl ab, alle gleichbezeichnet sind, wollen wir hier nur solche betrachten, deren Glieder abwechselnd positiv und negativ sind. Wir wollen eine solche Reihe schreiben:

$$a_0 - a_1 + a_2 - a_3 + - + \ldots,$$

und unter den a_n selbst positive Größen verstehen. *Zur Konvergenz einer solchen Reihe ist hinreichend, wenn die Glieder wenigstens von einer bestimmten Ordnungszahl an beständig und unter jede Grenze abnehmen*; m. a. W. wenn:

1) $$a_{n+1} < a_n$$

und

2) $$\lim_{n \to \infty} a_n = 0$$

ist (aber nicht, wenn nur eine dieser beiden Bedingungen erfüllt ist). Es ist nämlich dann einerseits:

$$a_n - a_{n+1} + a_{n+2} - + - \ldots \pm a_{n+p} = a_n - (a_{n+1} - a_{n+2}) - (a_{n+3} - a_{n+4}) - \ldots$$

Die Klammergrößen sind nach Voraussetzung alle positiv, die Summe also $< a_n$. Andererseits ist dieselbe Summe auch gleich:

$$(a_n - a_{n+1}) + (a_{n+2} - a_{n+3}) + \ldots,$$

also positiv. Da man nach Voraussetzung (2) zu jeder gegebenen Größe ε dann n so groß nehmen kann, daß $a_n < \varepsilon$ ist, so folgt, daß für ein solches n und für jedes positive p:

$$0 < a_n - a_{n+1} + - + \ldots \pm a_{n+p} < \varepsilon$$

ist, daß also die vorgelegte Reihe konvergiert.

Ein einfaches Beispiel einer konvergenten, aber nicht absolut konvergenten Reihe dieser Art ist:

$$1 - \tfrac{1}{2} + \tfrac{1}{3} - \tfrac{1}{4} + - + \ldots;$$

wir werden später (§ 59) finden, daß diese Reihe gegen den Logarithmus von 2 für die in § 36 eingeführte Zahl e als Basis konvergiert.

§ 43. Umordnung der Glieder einer Reihe.

Hat man mit einer *endlichen* Anzahl von Größen $a_0, a_1, \ldots, a_n$ zu tun, so bedarf es keiner Erläuterung, was der Ausdruck meint: „$a'_0, a'_1, \ldots, a'_n$ seien dieselben Größen in anderer Reihenfolge". Dagegen bei einer *unendlichen* Folge von Größen können unter Umständen Zweifel darüber auftauchen, was diese Ausdrucksweise eigentlich besagen soll. Wir wollen den Fall ganz ausschließen, daß unendlich viele der vorkommenden Größen denselben Wert haben; dann können wir die Definition folgendermaßen fassen:

Zwei Folgen:

$$a_0, \quad a_1, \quad a_2, \quad \ldots, \quad a_n, \quad \ldots$$
$$a'_0, \quad a'_1, \quad a'_2, \quad \ldots, \quad a'_n, \quad \ldots$$

seien so beschaffen, daß jedes Glied, das in der einen Folge auftritt auch in der andern vorkommt, und umgekehrt; und wenn etwa in der einen Folge mehrere Glieder vorhanden sind, die denselben Wert b haben, sollen genau ebenso viele unter den Gliedern der andern Folge diesen Wert haben. Dann sagen wir: Die Folge der a geht durch Umordnung der Glieder aus der Folge der a' hervor.

Ein Beispiel bieten die beiden Reihen:

$$1 - \tfrac{1}{2} + \tfrac{1}{3} - \tfrac{1}{4} + \tfrac{1}{5} - \tfrac{1}{6} + \tfrac{1}{7} - \tfrac{1}{8} + - + \ldots$$

und

$$1 + \tfrac{1}{3} - \tfrac{1}{2} + \tfrac{1}{5} + \tfrac{1}{7} - \tfrac{1}{4} + \tfrac{1}{9} + \tfrac{1}{11} - \tfrac{1}{6} + + - \ldots$$

Wir müssen untersuchen, welchen Einfluß eine solche Umordnung der Glieder auf die Summe einer unendlichen Reihe hat.

Zunächst betrachten wir Reihen mit nur positiven Gliedern. Sei

$$1) \qquad a_0 + a_1 + \ldots + a_n + \ldots$$

eine konvergente derartige Reihe, α ihre Summe;

$$2) \qquad a'_0 + a'_1 + \ldots + a'_n + \ldots$$

sei dieselbe Reihe in anderer Anordnung. Ist dann A irgendeine Zahl $> \alpha$, so kann die Summe beliebig vieler Glieder der Reihe (1) den Wert A niemals erreichen. Dann kann aber auch die Summe beliebig vieler Glieder der Reihe (2) den Wert A niemals erreichen, da diese Glieder ja alle auch unter den a vorkommen sollten. Ist andererseits a eine Zahl $< \alpha$, so kann man n so groß wählen, daß $a_0 + a_1 + \ldots + a_n > a$ wird. Da aber alle a_n auch unter den a'_n vorkommen sollten, so kann man m so groß wählen, daß die $a_0, a_1, \ldots, a_n$ alle unter den $a'_0, a'_1, \ldots, a'_m$ enthalten sind, so daß auch $a'_0 + a'_1 + \ldots + a'_m > a$ wird. Also wird jede Zahl a

von der Summe der Reihe (2) mit wachsender Gliederzahl schließlich überschritten. Aus beiden Ergebnissen zusammen folgt nach dem Satze von § 24, daß $\lim\limits_{n \to \infty}(a'_1 + a'_2 + \ldots + a'_m) = \alpha$ ist; d. h. es gilt der Satz:

I. *Die Summe einer Reihe aus positiven Gliedern ist unabhängig von der Reihenfolge der Glieder.*

Haben wir mit einer Reihe zu tun, deren Glieder nicht alle gleichbezeichnet sind, die aber absolut konvergiert, so können wir zunächst zeigen, daß die positiven Glieder einer solchen Reihe für sich und die negativen Glieder für sich konvergente Reihen bilden. Denn die Summe beliebig vieler von den positiven Gliedern wächst mit wachsender Gliederzahl; sie kann aber nicht über jede Grenze hinaus wachsen, weil sonst die Summe der absoluten Beträge sämtlicher Glieder, die ja außer den positiven auch noch die negativen positiv genommen enthält, um so mehr über alle Grenzen wachsen müßte, gegen die Voraussetzung, daß die Reihe absolut konvergieren sollte. Also konvergiert die Summe der positiven Glieder für sich; und für die negativen Glieder ergibt sich das gleiche. Bezeichnen wir dann mit s_n die Summe der n ersten Glieder der gegebenen Reihe, mit s'_n die Summe der positiven unter ihnen, mit s''_n die Summe der absoluten Beträge der negativen, so ist:

$$s_n = s_n - s''_n.$$

Da wir nun gesehen haben, daß die Grenzwerte $\lim\limits_{n \to \infty} s'_n$ und $\lim\limits_{n \to \infty} s''_n$ existieren, so können wir aus § 24, VI schließen, daß

$$\lim_{n \to \infty} s_n = \lim_{n \to \infty} s'_n - \lim_{n \to \infty} s''_n$$

ist; m. a. W. eine Reihe der hier betrachteten Art kann angesehen werden als die Differenz zweier anderer Reihen, von denen die eine die positiven Glieder der gegebenen Reihe enthält, die andere die negativen positiv genommen. Da wir auf jede dieser beiden Reihen den Satz I anwenden können, so folgt:

II. *Die Summe jeder absolut konvergenten Reihe ist unabhängig von der Reihenfolge der Glieder (wie eine endliche Summe).*

Dagegen gilt für nicht absolut konvergente Reihen der folgende merkwürdige Satz:

III. *Wenn eine konvergente Reihe nicht absolut konvergiert, so kann man durch passende Anordnung der Glieder jeden beliebigen Grenzwert a erzielen.*

Wenn nämlich die beiden Summen s'_n und s''_n jede für sich mit wachsendem n über alle Grenzen wachsen, so kann man zuerst der

Reihe nach so viele Glieder aus s' nehmen, daß man eine Summe σ_1 erhält, die größer als a wird. Hierauf kann man wieder der Reihe nach gerade so viele Glieder aus s'' abziehen, bis man eine Summe σ_2 erhält, die kleiner als a wird. Dann kann man wieder von den noch nicht benutzten Gliedern aus s' der Reihe nach gerade so viele hinzuzählen, daß die entstehende Summe σ_3 durch das zuletzt addierte Glied wieder größer als a wird; dann von den noch nicht benutzten Gliedern aus s'' der Reihe nach so viele abziehen, als nötig sind, damit man σ_4 kleiner als a erhält; usw. Das Spiel wiederholt sich *unendlich oft.* Die so entstehende Zahlenfolge

$$\sigma_1, \sigma_2, \sigma_3, \sigma_4, \ldots$$

konvergiert gegen den vorgeschriebenen Wert a. Denn da die ursprünglich vorgelegte Reihe konvergieren soll, sinken ihre Glieder jedenfalls mit wachsendem Index dem absoluten Betrag nach unter jede Grenze. Und das letztere gilt offenbar auch für die Glieder der nach unserer Vorschrift angeordneten Reihe; diese bezeichnen wir mit $a_0 + a_1 + a_2 + a_3 + \ldots$ Es sei also eine Zahl $\varepsilon > 0$ vorgeschrieben und n so groß gewählt, daß $|a_{n+p}| < \varepsilon$ ist für jedes positive p; ist dann z. B.:

$$\sigma_\nu = a_0 + a_1 + a_2 + \ldots + a_m \quad \text{und} \quad \sigma_\nu < a, \quad m > n,$$

so ist nach dem Bildungsgesetz der σ_ν

$$\sigma_\nu - a_m \geqq a \quad (\text{also } a_m \text{ negativ});$$

und

3) $$0 < a - \sigma_\nu \leqq |a_m| < \varepsilon$$

ist dann

$$\sigma_{\nu+1} = \sigma_\nu + a_{m+1} + a_{m+2} + \ldots + a_{m+k} > a \quad (k \geqq 1),$$

so ist

4) $$0 < \sigma_{\nu+1} - a \leqq a_{m+k} < \varepsilon.$$

Da für $l > m$ jede Teilsumme $a_0 + a_1 + a_2 + \ldots + a_l$ zwischen zwei derartigen Werten σ_ν, $\sigma_{\nu+1}$ liegt, folgt aus (3), (4):

$$|s_l - a| < \varepsilon \text{ für } l > m, \quad \text{also } \lim_{l \to \infty} s_l = a,$$

w. z. b. w.

Man nennt eine konvergente Reihe, deren Summe von der Anordnung der Glieder unabhängig ist, *unbedingt konvergent*, dagegen eine solche, deren Summe durch Umordnung der Glieder geändert werden kann, *bedingt konvergent.* Dann kann man das Resultat der Untersuchung in den Satz zusammenfassen:

IV. *Eine absolut konvergente Reihe ist stets auch unbedingt konvergent; eine nicht absolut konvergente Reihe konvergiert auch nur bedingt.*

§ 44. Doppelreihen.

Die einzelnen Glieder der bisher betrachteten unendlichen Reihen waren durch einen Index unterschieden, dem alle nicht negativen ganzzahligen Werte („von 0 bis ∞“ wie man sich wohl ausdrückt) beizulegen waren. Wir müssen nun aber auch Systeme von Gliedern ins Auge fassen, deren einzelnes $a_{m,n}$ zwei Indizes m, n trägt, die beide unabhängig voneinander alle ganzzahligen Werte von 0 bis ∞ zu durchlaufen haben. Wir gewinnen über die Gesamtheit solcher Terme eine gewisse Übersicht noch am ehesten, wenn wir sie nach Zeihen und Reihen ordnen, etwa so:

$$1)\quad \left\{\begin{array}{lllllll} a_{00} & a_{01} & a_{02} & \ldots & a_{0n} & \ldots \\ a_{10} & a_{11} & a_{12} & \ldots & a_{1n} & \ldots \\ a_{20} & a_{21} & a_{22} & \ldots & a_{2n} & \ldots \\ \cdot & \cdot & \cdot & \cdot & \cdot & \cdot \\ a_{m0} & a_{m1} & a_{m2} & \ldots & a_{mn} & \ldots \\ \cdot & \cdot & \cdot & \cdot & \cdot & \cdot \end{array}\right.$$

Wir können sie aber auch in mannigfaltiger Weise so in eine einzige Reihe anordnen, daß jedes von ihnen in dieser Reihe eine ganz bestimmte Stelle einnimmt: z. B. so:

$$2)\quad a_{00}\; a_{01}\; a_{10}\; a_{02}\; a_{11}\; a_{20}\; a_{03}\; a_{12}\; a_{21}\; a_{30}\; a_{04}\; \ldots$$

oder auch so:

$$3)\quad a_{00}\; a_{10}\; a_{01}\; a_{20}\; a_{11}\; a_{02}\; a_{30}\; a_{21}\; a_{12}\; a_{03}\; a_{40}\; \ldots$$

(Diese Umordnungen sind von den im vorigen Paragraphen betrachteten insofern noch wesentlich verschieden, als ein Glied wie z. B. a_{23}, das in (2) oder (3) eine endliche Ordnungsnummer hat, in (1) erst auftritt, nachdem schon die unendlich vielen Glieder einer oder mehrerer Zeilen vorausgegangen sind.)

Es seien nun die a_{mn} zunächst alle positiv; ferner bilde jede Zeile des Schemas (1) für sich eine konvergente Reihe:

$$4)\quad \sum_{n=0}^{\infty} a_{mn} = s_m;$$

und endlich konvergiere auch die aus diesen sämtlichen s_m gebildete unendliche Reihe:

$$5)\quad \sum_{m=0}^{\infty} s_m = S.$$

Unter diesen Voraussetzungen können wir zeigen:

I. Ordnen wir die a_{mn} irgendwie in eine einfache Reihe um — sie mögen in dieser neuen Anordnung mit

$$b_0, b_1, b_2, \ldots b_k, \ldots$$

bezeichnet werden — so wächst die Summe

$$B_k = b_0 + b_1 + b_2 + \ldots + b_k \tag{6}$$

mit wachsendem k, da alle ihre Glieder positiv sind. Aber sie wächst nicht über alle Grenzen, sie kann vielmehr für keinen Wert von k die Zahl S erreichen. Denn unter dem $b_0, b_1 \ldots b_k$ sind nicht aus allen Reihen s_m Glieder a_{mn} enthalten, und von denjenigen Reihen, aus denen Glieder unter den b_ν vorkommen, kommen nicht alle Glieder vor. Also bilden die B_k eine aufsteigende Zahlenfolge der in § 25 untersuchten Art, und sie konvergieren folglich gegen eine bestimmte Grenze. M. a. W. die unendliche Reihe

$$\sum_{k=0}^{\infty} b_k = B \tag{7}$$

ist unter den angegebenen Voraussetzungen konvergent.

II. Die Summe B dieser Reihe kann von S nicht verschieden sein. Denn sei

$$\sum_{n=0}^{q} a_{mn} = \sigma_{mq} \tag{8}$$

$$\sum_{m=0}^{p} \sigma_{mq} = S_{pq} \tag{9}$$

gesetzt, so können wir in der Reihe der b so weit vorgehen, bis alle in S_{pq} auftretenden a_{mn} auch in B_k vorkommen. Dann ist $S_{pq} \leqq B_k < B$. Wenden wir dann Satz III von § 24 zweimal an, indem wir zuerst zur Grenze $q \to \infty$ und dann zur Grenze $p \to \infty$ übergehen, so sehen wir, daß $S \leqq B$ sein muß. Andererseits: ist β irgendeine Zahl, die kleiner als B ist, so kann man k so groß wählen, daß $B_k > \beta$ wird. Hierauf kann man p und q so groß wählen, daß alle a_{mn}, die in B_k vorkommen, auch in S_{pq} auftreten; dann wird $S_{pq} > \beta$ und um so mehr $S > \beta$. S ist also größer als jede Zahl, die kleiner als B ist und kann daher auch nicht kleiner als B sein. Vorhin war gezeigt, daß S nicht $> B$ sein kann; also muß S gleich B sein; w. z. b. w.

Umgekehrt kann man zeigen — immer noch unter der Voraussetzung, daß alle auftretenden Größen positiv sind —: Wenn die Reihe (7) (bei irgendeiner Anordnung ihrer Glieder) konvergiert, so folgt:

I'. Die sämtlichen Reihen (4) konvergieren. Denn jede der Summen σ_{mq} wächst mit wachsendem q; sie kann aber nicht über alle Grenzen wachsen, da sie stets kleiner als B bleiben muß.

II'. Auch die Summe aller dieser Reihen, d. h. die Summe (5) konvergiert. Denn da, wie oben gezeigt, S_{pq} beständig kleiner als B bleibt, so findet man, indem man erst zur Grenze $q \to \infty$ und dann zur Grenze $p \to \infty$ übergeht, daß auch die Summe

10) $$S = \lim_{p\to\infty} (\lim_{q\to\infty} S_{pq})$$

nicht größer als B werden kann.

III'. Daraus ergibt sich dann wie beim Beweise des Satzes II, daß die beiden Summen B und S einander gleich sein müssen.

Vertauschen wir in den geführten Beweisen m mit n, p mit q, so erhalten wir entsprechende Sätze, in denen die Vertikalreihen des Schemas an die Stelle der Horizontalreihen treten.

Alle diese Resultate können wir in folgenden Satz, den man als den CAUCHYschen Doppelreihensatz zu bezeichnen pflegt, zusammenfassen:

Eine Doppelreihe mit durchweg positiven Gliedern kann entweder nach Horizontalreihen, oder nach Vertikalreihen, oder durch beliebige Anordnung sämtlicher Glieder in eine einfache Reihe summiert werden. Konvergiert sie bei irgendeiner dieser Summationsarten, so konvergiert sie auch bei jeder der andern, und zwar gegen dieselbe Summe.

Dieser Satz gilt zunächst für Reihen *mit nur positiven Gliedern*; er überträgt sich aber sofort mittels der schon in § 43 angewandten Schlußweise auf *alle absolut konvergenten Reihen*. (D. h. es müssen z. B. die Reihen $\sum_n |a_{mn}|$ und $\sum_m \sum_n |a_{mn}|$ konvergieren; die Konvergenz der Reihen $\sum_n |a_{mn}|$ und $\sum_m |\sum_n a_{mn}|$ würde nicht in allen Fällen ausreichen.)

§ 45. Rechnen mit unendlichen Reihen.

Die unendlichen Reihen haben vor andern Formen des Grenzüberganges das voraus, daß wenigstens die drei ersten Rechnungsoperationen mit ihnen sehr bequem vorgenommen werden können.

Man kann zwei konvergente unendliche Reihen *gliedweise addieren und subtrahieren;* d. h. wenn die Reihen $\sum_{n=0}^{\infty} a_n = A$, $\sum_{n=0}^{\infty} b_n = B$ konvergieren, so konvergieren auch die Reihen:

1) $$\sum_{n=0}^{\infty}(a_n + b_n), \quad \sum_{n=0}^{\infty}(a_n - b_n)$$

und zwar gegen $A + B$, bzw. $A - B$. Es folgt das unmittelbar aus der Definition der Summe einer unendlichen Reihe als Grenzwert einer endlichen Summe und aus den beiden ersten Gleichungen von § 28.

Ebenso kann man eine unendliche Reihe mit einem Faktor gliedweise multiplizieren.

Das *Produkt zweier unendlichen Reihen* erhält man durch zweimalige Anwendung des letzteren Satzes zunächst in der Form:

2) $$\sum_{m=0}^{\infty}(a_m \sum_{n=0}^{\infty} b_n)$$

und dann in der Form:

$$\sum_{m=0}^{\infty}(\sum_{n=0}^{\infty} a_m b_n),$$

also in der Gestalt einer Doppelreihe. Konvergieren die beiden gegebenen unendlichen Reihen *unbedingt,* so können wir nach § 44 die Doppelreihe in eine einfach unendliche Reihe umformen und z. B. schreiben:

3) $$\sum_{m=0}^{\infty} a_m \cdot \sum_{n=0}^{\infty} b_n = \sum_{r=0}^{\infty} c_r$$

mit

4) $$c_r = a_0 b_r + a_1 b_{r-1} + \ldots + a_r b_0 .$$

So erhält man z. B. durch Multiplikation der geometrischen Reihe:

$$(1 - x)^{-1} = 1 + x + x^2 + x^3 + \ldots \qquad (|x| < 1)$$

mit sich selbst die Reihe:

5) $$(1 - x)^{-2} = 1 + 2x + 3x^2 + 4x^3 + \ldots \qquad (|x| < 1).$$

SIEBENTER ABSCHNITT.

Stetige Funktionen.

§ 46. Veränderliche Größen und Funktionen.

Eine Größe (Zahl) heißt *veränderlich* oder *variabel*, wenn ihr im Laufe einer Untersuchung immer andere und andere Werte beigelegt werden; *konstant*, wenn der ihr einmal beigelegte Wert während der ganzen Untersuchung beibehalten wird (was nicht hindert, ihn bei einer anderen Untersuchung zu ändern). Bei den Anwendungen der Mathematik ist durch die Natur des gerade vorliegenden Problems bestimmt, welche Größen als konstant, welche als veränderlich anzusehen sind; für die abstrakte mathematische Betrachtung kann man dagegen willkürlich festsetzen, welche Größen man als konstant, welche als veränderlich ansehen will. Man pflegt die Unterscheidung zwischen Konstanten und Veränderlichen sich dadurch vor Augen zu halten, daß man die Konstanten mit den ersten, die Veränderlichen mit den letzten Buchstaben des Alphabets bezeichnet.

Zwei (oder mehrere) Veränderliche heißen *voneinander unabhängig* veränderlich, wenn man jeder von ihnen noch beliebige Werte beilegen kann, ganz gleichgültig, welche Werte man etwa vorher schon den anderen (allen oder einigen von ihnen) beigelegt hat; sie heißen *miteinander verknüpft*, wenn das nicht der Fall ist, wenn also, sobald einigen von den Veränderlichen bestimmte Werte beigelegt werden, die übrigen dadurch bestimmt oder wenigstens beschränkt sind. Auch diese Unterscheidung kann bei abstrakt analytischen Untersuchungen willkürlich festgesetzt werden; in den Anwendungen der Analysis dagegen ist sie durch die Natur des Problems, also durch die geometrischen Sätze, bzw. die Naturgesetze, gegeben.

Z. B. wenn zweien von den Winkeln eines veränderlichen ebenen Dreiecks bestimmte Werte beigelegt werden, ist der dritte dadurch bestimmt; wenn zweien von den Seitenlängen bestimmte Werte gegeben werden, ist die dritte auf solche Werte beschränkt, die größer als die Differenz und zugleich kleiner als die Summe der beiden ersten sind. Oder um ein physikalisches Beispiel zu nennen: der Druck p, das Volumen v und die absolute Temperatur T einer Gasmenge sind verbunden durch das Gesetz von Boyle und Gay-Lussac:

$$pv = RT.$$

Diese Gleichung ist auch geeignet, die Unterscheidung zwischen Konstanten und Veränderlichen zu erläutern: hat man nur mit einer und derselben Gasmenge zu tun, so ist R als eine Konstante anzusehen; ändert sich dagegen im Laufe der Untersuchung die Menge oder die Zusammensetzung des Gases, so ist auch R als eine veränderliche Größe zu behandeln.

Wir werden hier nur mit solchen Fällen zu tun haben, in denen, wie im ersten und dritten der genannten Beispiele, die Verknüpfung der Veränderlichen ihren Ausdruck in einer oder mehreren Gleichungen findet, denen sie unterworfen sind; so daß nur solche Wertsysteme der Veränderlichen zulässig sind, die diese Gleichungen erfüllen. Hat man von mehreren durch Gleichungen miteinander verknüpften Größen so vielen als möglich willkürliche Werte beigelegt und will man dann wissen, welche Werte man den anderen noch beilegen kann, so hat man das Gleichungssystem nach den letzteren aufzulösen. Wenn eine solche Auflösung allgemein, d. h. ohne spezielle Voraussetzung über die Werte der ersteren gelungen ist, so sagt man: man hat die letzteren *explizite* als Funktionen der ersteren dargestellt, während sie vorher nur *implizite* als solche Funktionen definiert waren. Man nennt dann auch wohl die ersteren die *unabhängigen Veränderlichen* oder die *Argumente*, die letzeren die *abhängigen Veränderlichen*, muß aber dabei im Auge behalten, daß diese Unterscheidung auch in den Anwendungen der Analysis häufig nicht durch die Natur der Aufgabe selbst gegeben ist, sondern von uns durch die Art, wie wir die Aufgabe angreifen, hereingebracht wird.

Wir werden hier zumeist nur mit zwei Veränderlichen zu tun haben, die durch eine Gleichung verknüpft sind, so daß wir die eine als unabhängige Veränderliche oder als Argument, die andere als abhängige Veränderliche oder als Funktion der ersteren ansehen können; die erstere nennen wir gewöhnlich x, die letztere y. Um allgemein auszudrücken, daß y eine Funktion von x sein solle, schreiben wir: $y = f(x)$ (oder $y = g(x)$, $y = \varphi(x)$ usw.), wobei also das f nicht als Zeichen einer Zahl angesehen werden darf und die Klammer gesetzt wird, um Verwechselungen mit einem Produkt $f.x$ zu vermeiden. An dieser Bezeichnung einer unbekannten oder nicht näher bezeichneten Funktion (eines unbekannten oder unbestimmten Abhängigkeitsgesetzes) durch einen Buchstaben ist das Wesentliche, daß derselbe Buchstabe, wenn er in derselben Untersuchung mehrmals vorkommt, überall dasselbe Abhängigkeitsgesetz bedeutet. So sagt z. B. die Nebeneinanderstellung der beiden Gleichungen:

$$y = f(x), \qquad z = f(x+1)$$

aus: man erhält z, wenn man in den Ausdruck von y durch x an Stelle von x überall $x + 1$ einsetzt.

Es gibt übrigens auch Gleichungen zwischen veränderlichen Größen, die keine Abhängigkeit zwischen diesen bedingen, sondern für ganz beliebige Werte derselben gelten, z. B. $(x-y)(x+y)=x^2-y^2$. Solche Gleichungen nennt man *Identitäten*; um anzudeuten, daß eine Gleichung identisch besteht, gebraucht man häufig das Zeichen $\equiv$ an Stelle des Gleichheitszeichens.

Die Funktionen werden eingeteilt nach den Rechnungsoperationen, die erforderlich sind, um y aus x abzuleiten (s. § 47).

§ 47. Rationale Funktionen.

Wenn y aus x und irgendwelchen konstanten Größen allein durch Additionen, Subtraktionen und Multiplikationen abgeleitet werden kann, heißt y eine rationale ganze Funktion von x.

(Eine Division durch eine konstante Größe kann stets als Multiplikation mit ihrem reziproken Wert, also auch mit einer konstanten Größe, angesehen werden; das Vorkommen von solchen Divisionen tut also dem Charakter einer Funktion als einer rationalen ganzen keinen Eintrag. Nur x selbst darf nicht in einem Nenner vorkommen.)

Löst man in dem Ausdruck einer rationalen ganzen Funktion von x alle Klammern auf, faßt alle Glieder, die dieselbe Potenz von x zum Faktor haben, in je ein Glied zusammen und ordnet nach fallenden Exponenten von x, so gelangt man zu dem Satze:

Jede rationale ganze Funktion von x kann auf die Form gebracht werden:

$$g(x) \equiv a_0 x^n + a_1 x^{n-1} + a_2 x^{n-2} + \dots + a_{n-2} x^2 + a_{n-1} x + a_n .$$

In ihr bedeuten die $a_0, a_1, \dots, a_n$ Konstante; man nennt sie die *Koeffizienten* der Funktion, a_n speziell ihr *konstantes Glied.* Ist a_0 nicht gleich Null, so heißt die Funktion $g(x)$ vom n^{ten} *Grade* (n^{ter} *Ordnung*, n^{ter} *Dimension*). Funktionen 1., 2., 3., 4. Grades werden auch wohl als *lineare*, *quadratische*, *kubische*, *biquadratische* bezeichnet. Auch nennt man wohl eine Konstante eine ganze Funktion 0ten Grades.

Addition, Subtraktion und Multiplikation rationaler ganzer Funktionen liefern immer wieder rationale ganze Funktionen.

Zuweilen braucht man statt „rationale ganze Funktion“ auch den kürzereren Namen „*Polynom*“.

Der Quotient zweier Polynome

$$\frac{g(x)}{f(x)} = \frac{a_0 x^n + a_1 x^{n-1} + \ldots + a_n}{b_0 x^m + b_1 x^{m-1} + \ldots + b_m}$$

heißt eine *rationale Funktion* von x.

Ist $g_n(x) = a_0 x^n + a_1 x^{n-1} + \ldots + a_n$ eine rationale ganze Funktion n^{ten} Grades von x uud ist a eine konstante Zahl, durch deren Einsetzen an Stelle von x $g_n(a) = 0$ wird, so heißt a eine *Nullstelle der Funktion* $g_n(x)$ oder eine *Wurzel der Gleichung* $g_n(x) = 0$. *Es gilt dann identisch*

$$g_n(x) \equiv (x - a)\, g_{n-1}(x),$$

wo $g_{n-1}(x)$ *ein Polynom vom Grade* $(n - 1)$ *ist.*

Es ist nämlich

$$\frac{g_n(x)}{x-a} = \frac{g_n(x) - g_n(a)}{x-a} = a_0 \frac{x^n - a^n}{x-a} + a_1 \frac{x^{n-1} - a^{n-1}}{x-a} + \ldots + a_{n-1} \frac{x-a}{x-a}$$

$$= a_0 (x^{n-1} + x^{n-2} a + x^{n-3} a^2 + \ldots + a^{n-1})$$

$$+ a_1 (x^{n-2} + x^{n-3} a + \ldots + a^{n-2}) + \ldots + a_{n-1} \qquad (\S\ 29\ (9))$$

$$= g_{n-1}(x).$$

Es kann nun sein, daß auch noch $g_{n-1}(a) = 0$ ist; dann ist:

$$g_{n-1}(x) \equiv (x - a)\, g_{n-2}(x);$$

also:

$$g_n(x) \equiv (x - a)^2\, g_{n-2}(x).$$

Kommt man, so fortfahrend, zu einer Identität der Form:

$$g_n(x) \equiv (x - a)^k\, g_{n-k}(x),$$

und ist $g_{n-k}(a)$ nicht mehr gleich Null, so sagt man, a sei eine (genau) *k-fache Nullstelle* von $g(x)$ (k-fache Wurzel von $g(x) = 0$).

Ist ferner b eine l-fache Nullstelle von $g_{n-k}(x)$, so erhält man ebenso:

$$g_{n-k}(x) \equiv (x - b)^l\, g_{n-k-l}(x),$$

also:

$$g_n(x) \equiv (x - a)^k (x - b)^l\, g_{n-k-l}(x).$$

So kann man mit der Ausscheidung der Nullstellen fortfahren, solange der übrig bleibende Faktor noch Nullstellen hat. In keinem Falle aber kann dieser Prozeß weiter fortgesetzt werden, als bis die Summe der Exponenten $k, l, \ldots$ den Wert n erreicht; denn dann bleibt nur eine ganze Funktion 0ten Grades, d. h. eine Konstante übrig. Es sei also:

$$g_n(x) \equiv (x - a)^k (x - b)^l \ldots (x - p)^q\, h(x),$$

wo $k + l + \ldots + q \leqq n$ und $h(x)$ entweder eine Konstante oder eine rationale ganze Funktion ist, die keine reelle Nullstelle mehr hat. Dann folgt, daß $g_n(x)$ keine andere reelle Nullstelle mehr haben kann als $a, b, \ldots, p$; denn ein Produkt kann nach einem in § 26 hervorgehobenen Satz nicht Null sein, wenn nicht mindestens einer seiner Faktoren Null ist. Wir haben somit den Satz bewiesen:

I. *Die Summe der Ordnungszahlen der Nullstellen einer rationalen ganzen Funktion n^{ten} Grades ist höchstens gleich n.*

Verabredet man, daß jede k-fache Nullstelle für k einfache gezählt werden soll, so kann man diesen Satz auch kürzer so aussprechen:

Eine rationale ganze Funktion n^{ten} Grades hat höchstens n Nullstellen.

Oder:

Eine algebraische Gleichung n^{ten} Grades hat höchsten n Wurzeln.

Ia. *Weiß man also von einer rationalen ganzen Funktion n^{ten} Grades, daß sie für mehr als n Werte ihres Argumentes x den Wert Null erhält, so kann man schließen, daß sie identisch (für jeden Wert von x) Null ist, daß also alle ihre Koeffizienten Null sind.* Z. B. die Funktion:

$$(x-a)(b-c)+(x-b)(c-a)+(x-c)(a-b)$$

wird Null für $x = a$; denn dann wird der erste Summand Null, der zweite und dritte werden einander entgegengesetzt gleich. Ebenso wird sie auch Null für $x = b$ und für $x = c$, also im ganzen für drei Werte von x. Daraus ist zu schließen, daß sie identisch Null sein muß, da sie ja in bezug auf x nur vom ersten Grade ist. In der Tat heben sich alle Glieder weg, wenn man die Klammern auflöst.

Aus dem Satze Ia folgt dann weiter:

II. *Haben zwei rationale ganze Funktionen n^{ten} oder niedrigeren Grades von x, $f(x)$, $g(x)$ für $n+1$ Werte von x je dieselben Werte, so sind sie miteinander identisch.*

Denn dann ist $f(x) - g(x) = 0$ für $n+1$ verschiedene Werte von x; also ist die Differenz $f(x) - g(x)$, die eine rationale ganze Funktion von höchstens dem n^{ten} Grade ist, identisch Null.

IIa. *Eine rationale ganze Funktion n^{ten} Grades ist also vollständig bestimmt, wenn man die Werte kennt, die sie für $n+1$ verschiedene Werte des Arguments annimmt.*

§ 48. Stetigkeit der rationalen Funktionen.

Wir haben schon in § 28 eine wichtige Eigenschaft der elementaren arithmetischen Operationen besprochen: daß es nämlich gleichgültig ist, ob man sie *vor* oder *nach* einem Grenzübergang ausführt. Sehen wir im Augenblick nur eine der beiden Zahlen die durch die betreffende Operation miteinander verknüpft werden, als veränderlich an und betrachten demgemäß das Ergebnis der Operation als Funktion dieser einen Veränderlichen x, so können wir sagen: *Bedeutet $f(x)$ eine rationale Funktion, d. h. eine Funktion, die durch Verbindung von x mit anderen Zahlen durch Addition, Subtraktion, Multiplikation oder Division entsteht, so ist stets*

$$1) \qquad \lim_{n \to \infty} f(a_n) = f(\lim_{n \to \infty} a_n),$$

wenn nur die Existenz des Grenzwertes $\lim\limits_{n \to \infty} a_n$ vorausgesetzt wird.

Ausgenommen ist dabei nur der Fall, daß eine der Zahlen a_n oder daß $\lim\limits_{n \to \infty} a_n$ eine Nullstelle des Nenners ist; in diesem Falle haben die Zeichen $f(a_n)$, $f(\lim\limits_{n \to \infty} a_n)$ überhaupt keine Bedeutung, da wir mit Null nicht dividieren können.

Besondere Beachtung verdient hier noch der Fall, daß die rationale Funktion in einer Form vorgelegt ist, in der Zähler und Nenner noch gemeinsame Nullstellen haben. Sei z. B.:

$$2) \qquad f(x) \equiv \frac{g(x)}{h(x)} \equiv \frac{(x-\alpha)\, g_1(x)}{(x-\alpha)\, h_1(x)}$$

und g zu h_1 teilerfremd[1]. Dann kann man für jeden von α verschiedenen Wert von x schließen, daß

$$3) \qquad f(x) = \frac{g_1(x)}{h_1(x)}$$

sei. Für $x = \alpha$ kann man nicht so schließen, da $f(x)$ für diesen Wert von x zunächst überhaupt nicht definiert ist; denn mit dem Zeichen $\frac{0}{0}$ verbinden wir keinen Sinn. Eben deswegen aber, weil der Funktionswert $f(x)$ bis jetzt nicht definiert ist, können wir ihm eine Bedeutung noch willkürlich beilegen, indem wir festsetzen:

Auch für $x = \alpha$ soll unter $f(x)$ der Wert $g_1(\alpha)/h_1(\alpha)$ verstanden werden.

Wir erreichen durch diese Festsetzung, daß die Gleichung (1) auch für $x = \alpha$ gilt, wenn nur $h_1(\alpha)$ von Null verschieden ist; denn da sie für g_1/h_1 gilt und da jetzt f gleich g_1/h_1 ist, so folgt, daß sie auch für f gilt.

[1] D. h.: $g(x)$ und $h_1(x)$ haben keine Nullstelle gemeinsam.

Die durch die Gleichung (1) ausgedrückte Eigenschaft einer Funktion ist so wichtig, daß sich ein eigener Name für sie empfiehlt *Man sagt von einer Funktion, der die durch die Gleichung (1) ausgedrückte Eigenschaft für jede gegen einen bestimmten Grenzwert α konvergierende Zahlenfolge zukommt, sie sei „an der Stelle $x = \alpha$ stetig".*

Tut man das, so kann man den Satz von § 28 auch so aussprechen: *Eine rationale Funktion von x ist überall da stetig, wo ihr Nenner nicht Null ist.*

Daß auch die Funktion a^x für alle x (falls $a > 0$) und die Funktionen x^a, $\log_a x$ für positive x stetig sind, ist durch § 35 (9), § 35 (14), § 37 (15) *bewiesen.*

§ 49. Der allgemeine Begriff des Grenzüberganges.

Aus der im vorigen Paragraphen gegebenen Definition der Stetigkeit einer Funktion an einer Stelle läßt sich durch einen indirekten Schluß der folgende Satz ableiten:

I. *Ist eine Funktion $f(x)$ für $x = \alpha$ stetig, so kann man zu jeder gegebenen* (noch so kleinen) *positiven Zahl ε eine andere positive Zahl δ so bestimmen, daß*

1) $$|f(\alpha + h) - f(\alpha)| < \varepsilon$$

ist für alle diejenigen Werte von h, die der Ungleichung

2) $$|h| < \delta$$

genügen.

Wenn $f(x)$ bloß für $x > \alpha$ definiert ist, so hat man in (1) für h nur positive Werte einzusetzen. Man spricht dann von rechtsseitiger Stetigkeit, analog von linksseitiger Stetigkeit. Im allgemeinen aber ist unter Stetigkeit schlechthin Stetigkeit nach beiden Seiten zu verstehen.

Wäre die Behauptung für irgendein ε nicht richtig, so könnten wir eine gegen Null konvergierende Folge von positiven Zahlen:

3) $$\delta_1, \delta_2, \delta_3, \ldots \delta_n, \ldots; \quad \lim_{n\to\infty} \delta_n = 0$$

beliebig annehmen und dann zu jedem δ_n ein h_n so finden, daß

$$|h_n| < \delta_n, \quad |f(\alpha + h_n) - f(\alpha)| \geqq \varepsilon$$

wäre. Dann wäre aber einerseits auch $\lim h_n = 0$; andererseits würde aus § 24, III folgen, daß

$$\lim_{n\to\infty} |f(\alpha + h_n) - f(\alpha)| \geqq \varepsilon$$

wäre, gegen die Voraussetzung, daß dieser Grenzwert für jede gegen Null konvergierende Zahlenfolge h_n selbst gleich Null sei.

II. Umgekehrt: *Kann man zu jeder positiven Größe ε eine andere δ so bestimmen, daß die Ungleichung (1) für* alle *diejenigen Werte von h gilt, die der Ungleichung (2) genügen, so ist die Funktion $f(x)$ bei $x = \alpha$ stetig.*

Denn wenn $\lim_{n \to \infty} a_n = \alpha$ ist, so kann man nach der Definition des Grenzwertes (§ 22) n so groß wählen, daß

$$|a_{n+p} - \alpha| < \delta$$

wird für jedes positive p; dann wird nach der Voraussetzung

$$|f(a_{n+p}) - f(\alpha)| < \varepsilon.$$

Also kann man n so groß wählen, daß $|f(a_{n+p}) - f(\alpha)|$ für jedes positive p kleiner als eine beliebig vorgegebene Größe ε wird. Das heißt aber eben, daß

$$\lim_{n \to \infty} f(a_n) = f(\alpha)$$

ist; w. z. b. w.

Dieser Doppelsatz gibt Veranlassung zu einem erweiterten Gebrauch des Wortes Grenzwert und des Zeichens lim. Man definiert nämlich:

III. *Wenn*

4) $$\lim_{n \to \infty} f(a_n) = \beta$$

ist, für jede *gegen α konvergierende Zahlenfolge a_n, sofern nur unter deren Gliedern a_n die Zahl α selbst nicht vorkommt, so sagt man: Die Funktion $f(x)$ hat für $x = \alpha$ den Grenzwert β, und schreibt:*

5) $$\lim_{x \to a} f(x) = \beta \quad \text{oder} \quad \lim_{h \to 0} f(\alpha + h) = \beta.$$

Betrachtet man in (5) nur Werte x, die größer als α sind, so schreibt man auch

6) $$\lim_{x \to a+0} f(x) = \beta \quad \text{oder} \quad \lim_{h \to +0} f(\alpha + h) = \beta$$

oder wohl auch kurz $f(\alpha + 0) = \beta$; und entsprechend bei linksseitiger Annäherung der Veränderlichen x an die Stelle α:

7) $$\lim_{x \to a-0} f(x) = \beta \quad \text{oder} \quad \lim_{h \to -0} f(\alpha + h) = \beta \quad \text{oder} \quad f(\alpha - 0) = \beta.$$

Dann und nur dann, wenn die beiden Beziehungen (6), (7) gelten, gilt auch (5).

Wenn dagegen nicht für jede gegen α konvergierende Zahlenfolge a_n der Grenzwert $\lim f(a_n)$ existiert, z. B. wenn verschiedene Zahlenfolgen a_n mit b_n, die gegen denselben Grenzwert α konvergieren, zu verschiedenen Grenzwerten $\lim\limits_{n\to\infty} f(a_n)$, $\lim\limits_{n\to\infty} f(b_n)$ führen, so sagt man: die Funktion $f(x)$ hat bei $x=\alpha$ keinen Grenzwert. Das Zeichen $\lim\limits_{x\to\alpha} f(x)$ hat dann keinerlei Bedeutung.

Bei Benutzung des soeben eingeführten Zeichens kann Satz I auch so ausgesprochen werden:

IV. *$f(x)$ ist bei $x = \alpha$ dann und nur dann stetig, wenn $\lim\limits_{x\to\alpha} f(x)$ existiert und gleich $f(\alpha)$ ist.* (Die rechtsseitige Stetigkeit an der Stelle a und die linksseitige an der Stelle b wird durch die Gleichungen $\lim\limits_{x\to a+0} f(x) = f(a)$ und $\lim\limits_{x\to b-0} f(x) = f(b)$ ausgedrückt.)

Wie wir schon in § 48 an dem Beispiele (2) gesehen haben, kommen Fälle vor, in denen die ursprüngliche einer Definition Funktion $f(x)$ für einen bestimmten Wert $x = \alpha$ versagt, aber der Grenzwert $\lim\limits_{x\to\alpha} f(x)$ existiert. In solchen Fällen ist es dann meistens zweckmäßig, die Definition von $f(x)$ durch den Zusatz zu ergänzen: „Unter $f(\alpha)$ soll $\lim\limits_{x\to\alpha} f(x)$ verstanden werden" und die Funktion dadurch zu einer bei $x=\alpha$ stetigen zu *machen.* Als wir z. B. in § 35 das Zeichen a^x, das zuvor bloß für rationale x einen Sinn hatte, auch für irrationale x definierten, wandten wir, wenn auch in anderer Fassung, das soeben erwähnte Verfahren an.

Es kann aber auch vorkommen, daß nach der ursprünglichen Definition einer Funktion $f(\alpha)$ und $\lim\limits_{x\to\alpha} f(x)$ beide existieren, aber voneinander verschieden sind.

Die zuletzt erwähnten Möglichkeiten wären von vornherein ausgeschlossen gewesen, wenn wir bei der Definition III nicht die Einschränkung gemacht hätten, daß niemals eine der Zahlen a_n gleich α sein darf.

Beispiel einer Funktion $f(x)$, für die $f(1)$ von $\lim\limits_{x\to 1} f(x)$ verschieden ist:

$$f(x) = \lim_{n\to\infty} \frac{2\,x^{2n}}{1+x^{4n}},$$

Es ist nämlich $f(x)$ für alle reellen x gleich Null außer für $x = \pm 1$; es ist also auch $\lim\limits_{x\to 1} f(x) = 0$, während $f(\pm 1) = 1$ ist; für $x = 1$ ist nämlich jeder Näherungswert gleich 1, also auch der Grenzwert; daß dieser für $|x| < 1$ Null wird, folgt daraus, weil $\lim\limits_{n\to\infty} x^{2n} = 0$ ist für $|x| < 1$; für $|x| > 1$ aber ist

$$\frac{2\,x^{2n}}{1+x^{4n}} < \frac{2\,x^{2n}}{x^{4n}} = \frac{2}{x^{2n}},$$

also ebenfalls beliebig klein für über alle Grenzen wachsendes n.

Genau so erkennt man, daß die Funktion

$$\varphi(x) = \lim_{n \to \infty} \frac{x^{2n} - 1}{x^{2n} + 1}$$

gleich 1 ist für alle $|x| > 1$ und gleich -1 für alle $|x| < 1$, dagegen gleich 0 für $x = \pm 1$. Die beiden Funktionen $f(x)$, $\varphi(x)$ sind somit bei $x = 1$ unstetig. Bei $\varphi(x)$ ist der Grenzwert $\lim\limits_{x \to 1} \varphi(x)$ überhaupt nicht vorhanden; bei $f(x)$ existiert zwar der Grenzwert $\lim\limits_{x \to 1} f(x)$, aber er ist von $f(1)$ verschieden.

§ 50. Vom Gebrauch des Wortes „unendlich“ in der Analysis.

Zwischen dem in § 22 und dem in § 49 eingeführten Gebrauch des Zeichens lim besteht folgender Unterschied: In § 22 trat als unabhängige Veränderliche eine Zahl n auf, die 1. nicht gegen einen bestimmten Grenzwert konvergierte, sondern über alle Grenzen wuchs, und die 2. während dieses Wachsens nicht ganz willkürliche Werte, sondern nur eine bestimmte Klasse von Werten, nämlich nur die positiven ganzzahligen, durchlief. In § 49 dagegen war die unabhängige Veränderliche eine Zahl x, die 1. gegen einen bestimmten Grenzwert konvergierte und 2. bei der Annäherung an diesen Grenzwert ganz willkürliche Näherungswerte durchlaufen durfte. Wir können nun aber auch die erste Voraussetzung von § 22 mit der zweiten von § 49 kombinieren; wir werden so auf Zahlenfolgen geführt, die zum Unterschied von den früher betrachteten nicht gegen einen bestimmten Grenzwert konvergieren, sondern schließlich über alle Grenzen wachsen. *Wir sagen nämlich:*

I. *von einer unbegrenzten Folge von Zahlen*

1) $$a_0, a_1, a_2, \ldots, a_n, \ldots$$

„sie werden schließlich unendlich groß“ oder auch wohl „sie konvergieren gegen unendlich“, wenn man zu jeder gegebenen (noch so großen) *Zahl N einen Wert n des Index so bestimmen kann, daß*

2) $$|a_{n+p}| > N$$

ist für alle positiven Werte von p.

Eine solche Zahlenfolge erhalten wir z. B., wenn wir erst eine gegen Null konvergierende Folge bilden (in der aber die einzelnen Näherungswerte von Null verschieden sein sollen) und dann von allen ihren Gliedern die reziproken Werte nehmen; und umgekehrt.

Ist eine solche Folge von Zahlen gegeben und irgendeine Funktion $f(x)$, so können wir die Folge von Zahlen $f(a_n)$ ins Auge fassen. Konvergiert diese Folge gegen einen bestimmten Grenzwert b (im Sinne von § 22), so würden wir das nach unseren bisherigen Festsetzungen so zu schreiben haben:

3) $$\lim_{n \to \infty} f(a_n) = b\,.$$

Uns interessiert nun besonders der Fall, daß eine solche Grenzgleichung für *jede* gegen unendlich konvergierende Folge von Argumentwerten gilt, und daß bei allen diesen Folgen derselbe Grenzwert b sich ergibt. In diesem Falle sagen wir:

II. „*$f(x)$ konvergiert für $x \to \infty$ gegen b*" und schreiben das so:

4) $$\lim_{x \to \infty} f(x) = b$$

oder auch kürzer so:

5) $$f(\infty) = b\,.$$

Will man x in (4) ausdrücklich auf positive oder auf negative Werte beschränken, so schreibt man im ersten Falle:

4a) $$\lim_{x \to +\infty} f(x) = b\,, \quad \text{kürzer } f(+\infty) = b\,,$$

im zweiten Falle:

4b) $$\lim_{x \to -\infty} f(x) = b\,, \quad \text{kürzer } f(-\infty) = b\,.$$

Die beiden Bezeichnungen (4a), (4b) sind mit der einen (4) gleichbedeutend.

Wenn die Gleichung (4) in dem hier definierten Sinne gilt, so gilt auch stets die Gleichung

6) $$\lim_{n \to \infty} f(n) = b$$

in dem früher (§ 22) definierten Sinne des Zeichens $\lim\limits_{n \to \infty}$, bei welchem nur auf ganzzahlige Werte von n geachtet wurde; aber die Gleichung (6) kann auch bestehen, ohne daß die allgemeinere Gleichung (4) besteht.

Durch Überlegungen derselben Art wie die in § 49 durchgeführten kommt man zu dem Satze:

IIa. Die Gleichung (4) oder (5) sagt aus: *zu jeder gegebenen* (noch so kleinen) *Zahl ε kann man eine andere N so bestimmen, daß*

$$|f(x) - b| < \varepsilon$$

ist, sobald

$$|x| > N$$

ist.

Der Definition II stellt man noch die beiden folgenden ganz analogen an die Seite:

III. *Die Gleichung:*

7) $$\lim_{x \to a} f(x) = \infty \quad \text{oder kürzer} \quad f(a) = \infty$$

sagt aus: Zu jeder gegebenen (noch so großen) *Zahl N kann man eine positive Zahl ε so bestimmen, daß*

$$|f(a+h)| > N$$

ist, sobald

$$|h| < \varepsilon$$

ist.

IV. *Die Gleichung*

8) $$\lim_{x \to \infty} f(x) = \infty \quad \text{oder kürzer} \quad f(\infty) = \infty$$

sagt aus: Zu jeder gegebenen (noch so großen) *Zahl N kann man eine andere M so bestimmen, daß*

$$|f(x)| > N$$

ist, sobald:

$$|x| > M.$$

(Wenn von der Existenz eines bestimmten Grenzwertes $\lim\limits_{x \to a} f(x)$ für einen bestimmten Wert von a gesprochen wird, ist sorgfältig darauf zu achten, ob damit nur ein endlicher Grenzwert gemeint ist oder ob auch ein unendlich großer [im Sinne der Definitionen III und IV] zugelassen werden soll. *Im folgenden ist immer das erstere der Fall, wenn nicht das Gegenteil ausdrücklich gesagt wird.*)

In ganz analogem Sinne wie das Wort „unendlich groß", wird auch das Wort „unendlich klein" gebraucht. Man definiert nämlich:

V. *Die Aussage: $f(x) - b$ wird mit $x - a$ oder für $x = a$ unendlich klein* (oder auch: $f(x) - b$ verschwindet mit $x - a$) *bedeutet soviel als die Gleichung:*

9) $$\lim_{x \to a} f(x) - b = 0.$$

Mit Benutzung dieser Ausdrucksweise kann die Definition der Stetigkeit (§ 49, I) auch so ausgesprochen werden:

VI. *$f(x)$ ist bei $x = a$ stetig, wenn $f(x) - f(a)$ mit $x - a$ zugleich unendlich klein wird.*

Wird $f(x)$ für $x = a$ unendlich klein, so wird $1/f(x)$ dort unendlich groß. Den Inhalt der Gleichungen $\lim_{x \to \infty} f(x) = \infty$ und $\lim_{x \to \infty} f(x) = 0$ spicht man gelegentlich auch so aus, daß man sagt: $f(x)$ wird für $x = \infty$ im ersten Falle unendlich groß, im zweiten unendlich klein.

§ 51. Sätze über Stetigkeit.

Für unsere weiteren Untersuchungen bedürfen wir des Satzes:

I. *Summe, Differenz, Produkt und* (wenn der Nenner nicht Null ist) *Quotient zweier stetiger Funktionen sind selbst wieder stetige Funktionen.* Der Beweis dieses Satzes läßt sich einfach darstellen, wenn man einen Hilfssatz vorausnimmt, der eine gewisse Verwandtschaft mit § 24, I besitzt, nämlich:

II. *Sind $\varphi(x)$, $\psi(x)$ zwei für $x = a$ stetige Funktionen, so kann man zu jeder gegebenen positiven Größe ε eine andere δ so bestimmen, daß die beiden Ungleichungen*

1) $$|\varphi(x) - \varphi(a)| < \varepsilon, \qquad |\psi(x) - \psi(a)| < \varepsilon$$

zugleich bestehen, sobald

2) $$|x - a| < \delta$$

ist.

Man braucht dazu nämlich bei gegebenem ε nur die kleinere der beiden Zahlen δ zu nehmen, die man nehmen müßte, wenn man nur das Bestehen der einen oder der anderen jener Ungleichungen erzwingen wollte.

Dieser Hilfssatz überträgt sich wie jener sofort auf den Fall einer größeren Anzahl von Funktionen; dagegen nicht auf den Fall, daß man mit unendlich vielen zu tun hat.

Sei nun zunächst

3) $$f(x) = \varphi(x) \pm \psi(x)$$

und soll gezeigt werden, daß man zu jedem ε ein δ so bestimmen kann, daß

$$|f(a + h) - f(a)| < \varepsilon$$

wird für jedes $|h| < \delta$, so bestimmen wir, was wegen der vorausgesetzten Stetigkeit von $\varphi(x)$ und $\psi(x)$ möglich ist, zunächst δ so, daß

$$|\varphi(a + h) - \varphi(a)| < \varepsilon/2, \qquad |\psi(a + h) - \psi(a)| < \varepsilon/2,$$

sobald $|h| < \delta$ ist. Dann wird nach der Schlußbemerkung von § 10:

$$|f(a + h) - f(a)| < \varepsilon,$$

w. z. b. w.

Um den entsprechenden Satz für das Produkt zweier Funktionen zu beweisen, bedürfen wir noch eines zweiten Hilfssatzes, nämlich:

III. *Wenn $\varphi(x)$ bei $x = a$ stetig und $|\varphi(a)| < M$ ist, so kann man stets eine positive Zahl δ von der Art angeben, daß auch*

$$|\varphi(a+h)| < M \tag{4}$$

ist, sobald $|h| < \delta$ ist.

Man braucht nämlich $\delta > 0$ nur so zu bestimmen, daß für $|h| < \delta$

$$|\varphi(a+h) - \varphi(a)| < M - |\varphi(a)|$$

wird; dies ist wegen der Stetigkeit der Funktion $\varphi(x)$ an der Stelle $x = a$ möglich. Dann ist aber (s. § 10 am Ende) um so mehr

$$\big||\varphi(a+h)| - |\varphi(a)|\big| < M - |\varphi(a)|$$

und

$$\begin{aligned} M - |\varphi(a+h)| &= M - |\varphi(a)| - (|\varphi(a+h)| - |\varphi(a)|) \\ &\geqq |M - |\varphi(a)|| - \big||\varphi(a+h)| - |\varphi(a)|\big| \\ &> 0, \text{ w. z. b. w.} \end{aligned}$$

Es sei nun

$$f(x) = \varphi(x)\,\psi(x).$$

Sind dann eine Genauigkeitsgrenze ε und irgendeine Konstante M, die sowohl $> |\varphi(a)|$ als $> |\psi(a)|$ sei, gegeben, so bestimmen wir zunächst δ so, daß

$$|\varphi(a+h) - \varphi(a)| < \frac{\varepsilon}{2M}, \quad |\psi(a+h) - \psi(a)| < \frac{\varepsilon}{2M},$$

sobald $|h| < \delta$ ist, und daß zugleich die Ungleichung (4) erfüllt ist. Dann wird

$$\begin{aligned} |f(a+h) - f(a)| &= |\varphi(a+h)[\psi(a+h) - \psi(a)] + \psi(a)[\varphi(a+h) - \varphi(a)]| \\ &< M \cdot \frac{\varepsilon}{2M} + M \cdot \frac{\varepsilon}{2M}, \end{aligned}$$

also $< \varepsilon$, womit Behauptung I für das Produkt bewiesen ist.

Um endlich auch den Satz für einen Quotienten zu beweisen, schicken wir noch den Hilfssatz voraus:

IV. *Wenn $\psi(x)$ bei $x = a$ stetig und $\psi(a)$ nicht Null ist, wenn ferner m irgendeine positive Zahl $< |\psi(a)|$ bedeutet, so gibt es eine positive Zahl δ von der Beschaffenheit, daß auch*

$$|\psi(a+h)| > m, \tag{5}$$

sobald $|h| < \delta$ ist.

Man braucht nämlich nur $\delta > 0$ so zu bestimmen, daß für $|h| < \delta$

$$6) \qquad |\psi(a) - \psi(a+h)| < |\psi(a)| - m$$

wird; dies ist wegen der Stetigkeit der Funktion $\psi(x)$ an der Stelle $x = a$ möglich. Dann ist aber um so mehr

$$|\psi(a)| - |\psi(a+h)| < |\psi(a)| - m,$$

d. h.

$$-|\psi(a+h)| < -m \quad \text{oder} \quad |\psi(a+h)| > m,$$

w. z. b. w.

Zusatz: Man erkennt zugleich, daß alle diese Funktionswerte $\psi(a+h)$ mit $\psi(a)$ gleichbezeichnet sind; andernfalls wäre nämlich

$$|\psi(a) - \psi(a+h)| > |\psi(a)| + m$$

im Widerspruch mit (6).

Durch nötigenfalls weitere Verkleinerung der positiven Zahl δ kann man erreichen, daß für alle $|h| < \delta$ neben (5) noch die Ungleichungen

$$|\varphi(a+h) - \varphi(a)| < \frac{m^2 \varepsilon}{2M},$$

$$|\psi(a+h) - \psi(a)| < \frac{m^2 \varepsilon}{2M},$$

bestehen, wenn noch unter M die größere der Zahlen $|\varphi(a)|$, $|\psi(a)|$ verstanden wird; dann ist

$$\left|\frac{\varphi(a+h)}{\psi(a+h)} - \frac{\varphi(a)}{\psi(a)}\right| = \frac{|\psi(a)[\varphi(a+h) - \varphi(a)] - \varphi(a)[\psi(a+h) - \psi(a)]|}{|\psi(a)|\,|\psi(a+h)|}$$

$$< \frac{1}{m^2}\left[M \cdot \frac{m^2 \varepsilon}{2M} + M \cdot \frac{m^2 \varepsilon}{2M}\right],$$

also $< \varepsilon$, was zu erreichen war.

Weiter sei noch der Satz erwähnt:

V. *Durch die Werte, die eine für jede Stelle eines Intervalls stetige Funktion an den rationalen Stellen dieses Intervalls annimmt, sind die Funktionswerte an den irrationalen Stellen des Intervalls völlig bestimmt.*

Denn jede irrationale Zahl α des Intervalls kann als Grenzwert einer Folge rationaler Zahlen a_n desselben dargestellt werden. Dann ist aber nach § 49:

$$f(\alpha) = \lim_{n \to \infty} f(a_n),$$

w. z. b. w.

Zur Erläuterung sei noch bemerkt: Unter dem Intervalle $(a \ldots b)$ verstehen wir die Gesamtheit der Zahlen, die zugleich $\leqq b$ und $\geqq a$

sind. Dabei unterscheiden wir die beiden Ausdrücke „*in einem Intervalle*“ und „*im Innern*“ oder „*innerhalb eines Intervalls*“; der erstere schließt die Grenzen ein, der letztere aus.

§ 52. Umkehrung einer stetigen und monotonen Funktion.

Für jede stetige Funktion gilt der Satz:

I. *Eine in einem Intervall, d. h. in allen Punkten des Intervalls stetige Funktion, die in den beiden Endpunkten entgegengesetzte Vorzeichen hat, wird in diesem Intervall mindestens an einer Stelle Null.*

Es sei $a < b$; außerdem dürfen wir voraussetzen, daß

1) $$f(a) < 0, \qquad f(b) > 0$$

ist; im entgegengesetzten Falle: $f(a) > 0$, $f(b) < 0$ hätten wir nur $f(x)$ durch $-f(x)$ zu ersetzen, um zur Voraussetzung (1) zu gelangen.

Wir definieren nun folgenden Schnitt $c \mid C$ im Gebiete der reellen Zahlen: Zur Klasse c rechnen wir jede reelle Zahl $\leqq a$ und eine reelle Zahl $\not> a$ dann, wenn $f(x)$ im ganzen Intervall $(a \ldots c)$ negativ ist. Alle anderen reellen Zahlen, z. B. b gehören zur Klasse C. Da jedes C größer als jedes c ist, gibt es eine bestimmte Zahl γ, die durch den Schnitt $c \mid C$ definiert wird und die im Intervalle $(a \ldots b)$ liegt. Wir zeigen:

3) $$f(\gamma) = 0;$$

wäre nämlich $f(\gamma) < 0$, so wäre für genügend kleines $\delta > 0$ und $|h| \leqq \delta$ auch $f(\gamma + h) < 0$ (§ 51 IV, Zusatz), es wäre demnach $\gamma + \delta$ eine Zahl c und somit γ nicht gleich $c \mid C$; wäre aber $f(\gamma) > 0$, so wäre auch $f(\gamma - \delta) > 0$, also $\gamma - \delta$ eine Zahl C, was wieder der Voraussetzung $\gamma = c \mid C$ widerspricht. Damit ist (3) bewiesen.

Da $f(x)$ für $a \leqq x < \gamma$ negativ ist, sieht man zugleich, daß $f(x)$ im Intervall $(a \ldots b)$ keine Nullstelle $< \gamma$ besitzt.

Die Zahl γ kann durch das in § 17 auseinandergesetzte Verfahren mit jeder verlangten Genauigkeit berechnet werden, sobald man imstande ist, zu jedem Werte x des Intervalls den zugehörigen Funktionswert $f(x)$ mit jeder verlangten Genauigkeit zu berechnen.

Aus dem bewiesenen Satze I ergibt sich leicht der folgende allgemeinere:

II. *Ist $f(x)$ in allen Punkten des Intervalls $(a \ldots b)$ stetig, und ist g ein zwischen $f(a)$ und $f(b)$ gelegener Wert, so gibt es in dem Intervall mindestens einen Wert c, für den $f(c) = g$ ist.*

Denn dann erfüllt die Funktion $f(x) - g$ die Voraussetzungen des Satzes I.

Die Sätze, daß zu jedem Werte des Radikanden ein bestimmter Wert der Wurzel (bei gegebenen Wurzelexponenten), und zu jedem positiven Wert des Numerus ein bestimmter Wert des Logarithmus (bei gegebener Basis) gehören (§§ 31 und 37), sind spezielle Fälle des hier bewiesenen allgemeinen Satzes. In der Tat haben wir damals zum Beweise der speziellen Sätze keine anderen Hilfsmittel angewendet, als jetzt zum Beweise des allgemeinen; wenn wir auch damals den Begriff der Stetigkeit noch nicht formuliert hatten, so machten wir doch von der Ungleichung § 29, (13) und der Gleichung § 35 (9) Gebrauch, aus denen die *Stetigkeit der Potenz* gefolgert werden kann, wenn man sie das eine Mal als Funktion der Basis, das andere Mal als Funktion des Exponenten betrachtet.

Die Funktion $f(x)$ heißt im Intervall $(a \ldots b)$ *monoton*, wenn sie mit wachsendem x entweder stets zunimmt oder stets abnimmt. Ist $f(x)$ monoton und wenden wir den Satz II auf jeden zwischen $c = f(a)$ und $d = f(b)$ gelegenen Wert y an, so erhalten wir zu jedem dieser Werte y einen zugehörigen Wert x zwischen a und b und zwar nur einen, denn aus $x' \neq x''$ folgt wegen der Monotonie $f(x') \neq f(x'')$. Dadurch ist im Intervall $(c \ldots d)$ eine Funktion $x = \varphi(y)$ definiert; wir nennen diese Funktion die *Umkehrung von* $y = f(x)$. Dabei gilt der Satz:

III. *Wenn die Funktion* $y = f(x)$ *an jeder Stelle des Intervalls* $(a \ldots b)$ *stetig und in ihm monoton ist, so ist auch ihre Umkehrung* $x = \varphi(y)$ *an jeder Stelle des Intervalls* $(a \ldots d)$ *stetig.*

Sei nämlich y_0 irgendeine solche Stelle, $x_0 = \varphi(y_0)$ der zugehörige Wert von x; sei ferner irgendeine Genauigkeitsgrenze $\varepsilon > 0$ gegeben und sei $f(x)$ etwa monoton zunehmend und

$$3)\qquad f(x_0 + \varepsilon) = y_0 + \delta_1, \qquad f(x_0 - \varepsilon) = y_0 - \delta_2;$$

dann gehört zu jedem Werte von x zwischen $x_0 - \varepsilon$ und $x_0 + \varepsilon$ wegen der vorausgesetzten Monotonie von $f(x)$ ein Wert von y, der zwischen $y_0 - \delta_2$ und $y_0 + \delta_1$ liegt, also auch umgekehrt nach Satz II zu jedem Wert von y zwischen $y_0 - \delta_2$ und $y_0 + \delta_1$ ein Wert von x zwischen $x_0 - \varepsilon$ und $x_0 + \varepsilon$. Ist also δ die kleinere der beiden positiven Zahlen δ_1 und δ_2, so hat man damit zu gegebenem ε ein δ so bestimmt, daß $|\varphi(y) - \varphi(y_0)| < \varepsilon$, sobald $|y - y_0| < \delta$; und die Behauptung, $x = \varphi(y)$ sei für $y = y_0$ stetig, besagt eben, daß eine solche Bestimmung von δ zu jedem gegebenem ε möglich sei.

Durch die Sätze dieses Paragraphen ist wieder in einem wichtigen Punkte der Anschluß der Analysis an die Geometrie erreicht; es ist nämlich der in § 49 analytisch definierte Begriff der Stetigkeit in Verbindung gebracht mit der Vorstellung, die man in der Geometrie mit den Worten „stetiger Kurvenbogen" verknüpft. Man sieht als selbstverständlich an, daß jeder solche Kurvenbogen mit jeder Geraden, welche die seine Endpunkte verbindende Strecke schneidet, mindestens einen Punkt gemein hat, was freilich nicht von der Verpflichtung des Beweises entbindet, dem natürlich eine scharfe Definition des Wortes „stetiger Kurvenbogen" vorausgehen muß. Betrachtet man die Gesamtheit der Punkte, deren Koordinaten in bezug auf irgendein rechtwinkliges Koordinatensystem einer Gleichung der Form $y = f(x)$ genügen, so zeigen unsere Sätze, daß diese Gesamtheit als „Kurvenbogen" aufgefaßt die genannte Eigenschaft jedenfalls für jede zu einer der Koordinatenachsen parallele Gerade hat, *wenn $f(x)$ eine im Sinne von § 49 stetige Funktion von x ist.* Der Beweis des erwähnten allgemeineren Schnittpunktsatzes für irgendeine Gerade $y = mx + n$, welche die Verbindungsstrecke der Punkte $x = a$, $y = f(a)$ und $x = b$, $y = f(b)$ schneidet, läßt sich ebenfalls unschwer erbringen: Da nämlich die beiden Punkte $x = a$, $y = f(a)$ und $x = b$, $y = f(b)$ nach Veraussetzung zu verschiedenen Seiten der Geraden $y = mx + n$ liegen, nimmt die Funktion $f(x) - mx - n$ für $x = a$ und für $x = b$ entgegengesetzt bezeichnete Werte an; es gibt also nach Satz I eine zwischen a und b gelegene Zahl γ der Art, daß $f(\gamma) - m\gamma - n = 0$ ist. D. h. aber geometrisch: im Punkte $x = \gamma$, $y = f(\gamma)$ schneiden sich die Gerade $y = mx + n$ und die „Kurve $y = f(x)$".

Erst auf Grund dieses Satzes sind wir einigermaßen berechtigt eine solche Gesamtheit von Punkten als eine Kurve anzusehen; wobei noch dahingestellt bleiben muß, ob ein solches analytisch definiertes Gebilde unter allen Umständen auch die übrigen Eigenschaften besitzt, die wir gewohnheitsmäßig jeder Kurve zuschreiben.

§ 53. Grenzfunktionen und ihre Stetigkeit. Gleichmäßige Konvergenz.

Wir haben uns zu Anfang dieses Abschnitts mit rationalen Funktionen beschäftigt, d. h. mit solchen Abhängigkeitsgesetzen, die sich analytisch durch eine endliche Anzahl von rationalen Operationen darstellen ließen. Wollen wir auch kompliziertere Abhängigkeitsgesetze durch Formeln darstellen, so müssen wir den Kreis der Operationen erweitern, indem wir noch die Operation des Schnittbildens oder, was auf dasselbe hinausläuft, des Grenzübergangs zulassen. (Von der in § 49 eingeführten erweiterten Bedeutung des Zeichens lim braucht hier zunächst nicht die Rede zu sein.)

Wir haben in § 22 gesehen, welche Bedingungen eine Zahlenfolge $a_0, a_1, a_2, \ldots$ erfüllen muß, damit ein bestimmter Grenzwert

$$1) \qquad \lim_{n \to \infty} a_n = \alpha$$

vorhanden ist. Sind die einzelnen a_n Funktionen einer Veränderlichen x und konvergiert die Zahlenfolge für jeden einzelnen Wert von x oder doch wenigstens für jeden Wert von x, der einem bestimmten Intervalle angehört, so wird auch der Grenzwert wenigstens in diesem Intervalle eine Funktion von x, d. h. eine von x abhängige Größe sein. Wir nennen eine in dieser Weise definierte Funktion eine *Grenzfunktion* und schreiben:

$$2) \qquad y = F(x) = \lim_{n \to \infty} f(x; n).$$

Dabei werden wir hauptsächlich den Fall ins Auge fassen, daß jede einzelne „Näherungsfunktion“ $f(x; n)$ eine rationale Funktion von x ist; dagegen kann die Abhängigkeit von der ganzen Zahl n auch in irgendwelcher anderen Weise ausgedrückt sein.

Die Frage ist nun, inwiefern wir aus den Eigenschaften der einzelnen $f(x; n)$ auf die Eigenschaften von $F(x)$ schließen können. Man hat früher wohl hier und da ausdrücklich oder stillschweigend angenommen, daß jede Eigenschaft, die sämtlichen $f(x; n)$ zukommt, auch der Funktion $F(x)$ zukommen müsse, bis man durch Beispiele darauf aufmerksam wurde, daß das keineswegs der Fall zu sein braucht. Die Grenzfunktion kann viel komplizierterer Natur sein, als die Näherungsfunktionen; man kann Funktionen von äußerst verwickelten Eigenschaften als Grenzfunktionen rationaler Funktionen darstellen. Nicht einmal die Eigenschaft der Stetigkeit überträgt sich von den Näherungsfunktionen auf die Grenzfunktion. So sind z. B. die rationalen Funktionen

$$3) \qquad \frac{x^{2n} - 1}{x^{2n} + 1} \quad \text{und} \quad \frac{2x^{2n}}{1 + x^{4n}}$$

nach § 48 für jeden ganzzahligen positiven Wert von n und für jeden reellen Wert von x stetige Funktionen von x. Sie konvergieren auch für jeden Wert von x mit wachsendem n gegen bestimmte Grenzwerte wie am Ende des § 49 gezeigt wurde; aber die beiden sich so ergebenden Grenzfunktionen $\varphi(x)$, $f(x)$ sind, wie dort ebenfalls bewiesen wurde, an den Stellen $x = \pm 1$ unstetig.

Es gibt aber einen wichtigen Fall, in dem man von der Stetigkeit der Näherungsfunktionen auf die Stetigkeit der Grenzfunktionen schließen kann. Um ihn kurz bezeichnen zu können, bedient man sich der Ausdrucksweise:

I. *Die Funktion $f(x;n)$ konvergiert im Intervalle $(a \dots b)$ gleichmäßig gegen die Grenzfunktion $F(x)$, wenn man zu jeder gegebenen positiven Zahl ε einen Wert des Index n so bestimmen kann, daß:*

4) $$|F(x) - f(x;n+p)| < \varepsilon$$

ist, für alle $p \geqq 0$ und für alle x des Intervalls.

Dann kann man nämlich den Satz aussprechen:

II. *Wenn $f(x;n)$ für jeden Wert x eines Intervalls $(a \dots b)$ und für jeden ganzzahligen Wert von n eine stetige Funktion von x ist; wenn ferner $f(x;n)$ in diesem Intervalle gleichmäßig gegen $F(x)$ konvergiert; dann ist auch $F(x)$ für jeden Wert x dieses Intervalls stetig.*

Wegen der vorausgesetzten Gleichmäßigkeit der Konvergenz kann man nämlich zu jeder Genauigkeitsgrenze ε die ganze Zahl n so groß wählen, daß für alle Wertepaare x_1, x_2 des Intervalls gleichzeitig

5) $$|F(x_1) - f(x_1;n)| < \varepsilon/3, \qquad |F(x_2) - f(x_2;n)| < \varepsilon/3$$

wird. Hierauf kann man zu einem beliebigen x_1 des Intervalls eine Zahl $\delta > 0$ so klein wählen, daß:

$$|f(x_2;n) - f(x_1;n)| < \varepsilon/3$$

wird, sobald $|x_2 - x_1| < \delta$ ist. Dann ist aber für alle Werte von x_2, die dieser letzteren Bedingung genügen:

6) $$\left\{\begin{aligned} |F(x_2) - F(x_1)| &= |(F(x_2)-f(x_2;n)) + (f(x_2;n)-f(x_1;n)) + (f(x_1;n)-F(x_1))| \\ &\leqq |F(x_2)-f(x_2;n)| + |f(x_2;n)-f(x_1;n)| + |F(x_1)-f(x_1;n| \\ &< \varepsilon \end{aligned}\right.$$

d. h. $F(x)$ ist an jeder Stelle x_1 des Intervalls stetig, w. z. b. w.

Da wegen der vorausgesetzten Stetigkeit der Funktionen $f(x;n)$ für jede Zahl α des Intervalls $(a \dots b)$

7) $$\lim_{x \to \alpha} f(x;n) = f(\alpha;n)$$

gilt und da $F(x)$ als $\lim\limits_{n \to \infty} f(x;n)$ definiert ist, kann die durch Satz II festgestellte Stetigkeit der Funktion $F(x)$ an der Stelle $x = \alpha$ auch durch folgende Gleichung ausgedrückt werden

8) $$\lim_{x \to \alpha}\left(\lim_{n \to \infty} f(x;n)\right) = \lim_{n \to \infty}\left(\lim_{x \to \alpha} f(x;n)\right).$$

Die Berechtigung, die Reihenfolge der beiden Grenzübergänge hier zu vertauschen, ist eine Folge der vorausgesetzten gleichmäßigen Konvergenz. Ohne weiteres die Reihenfolge irgend zweier Grenzübergänge zu vertauschen, ist nicht erlaubt. So wurde z. B. für die zu Ende des § 49 betrachteten Funktionen,

$$f(x;n) = \frac{2x^{2n}}{1+x^{4n}}$$

dort gezeigt, daß

$$\lim_{n\to\infty}(\lim_{x\to 1} f(x;n)) = 1$$

ist, (vgl. oben (7)) und daß dagegen

$$\lim_{x\to 1}(\lim_{n\to\infty} f(x;n)) = 0$$

ist. Man beachte die Ungleichmäßigkeit der Konvergenz von $f(x;n)$ gegen $f(x)$ im Intervall $(0\ldots 1)$; für $x = \sqrt[n]{2}$ z. B. (mit beliebig großem n) ist $|f(x) - f(x;n)| = f(x;n) = \frac{4}{17}$; man kann also nicht durch Wahl *einer* Zahl n erreichen, daß für *alle* x des Intervalls $|f(x) - f(x;n)| < \frac{1}{5}$ sind.

III. *Eine unendliche Reihe $a_0 + a_1 + a_2 + \ldots$, deren einzelne Glieder a_n Funktionen von x sind, heißt in einem Intervall $(a\ldots b)$ gleichmäßig konvergent, wenn die Summe s_n ihrer n ersten Glieder mit wachsendem n gleichmäßig gegen die Reihensumme $\sigma(x)$ konvergiert.*

Da die Summe einer endlichen Anzahl stetiger Funktionen nach § 51, I selbst wieder eine stetige Funktion ist und die Summe einer unendlichen Reihe als Grenzwert einer endlichen Summe definiert ist, so folgt noch:

III. *Die Summe $\sigma(x)$ einer in einem Intervall J gleichmäßig konvergenten Reihe $a_0(x) + a_1(x) + a_2(x) + \ldots$ ist eine in J stetige Funktion von x, wenn die einzelnen Reihenglieder $a_0(x), a_1(x), a_2(x), \ldots$, oder, was auf dasselbe hinausläuft, wenn die einzelnen Teilsummen $s_0(x) = a_0(x)$, $s_1(x) = a_0(x) + a_1(x)$, $s_2(x) = a_0(x) + a_1(x) + a_2(x), \ldots$ in J stetige Funktionen von x sind.*

Ist also α eine Zahl des Invervalls J, so gilt

9) $$\lim_{x\to\alpha}\sigma(x) = \lim_{n\to\infty} s_n(\alpha) \quad \text{(vgl. (8))}.$$

§ 54. Gleichmäßige Konvergenz und Stetigkeit von Potenzreihen. Das Rechnen mit Potenzreihen.

Unter einer Potenzreihe versteht man eine Reihe, die nach Potenzen einer Veränderlichen x mit positiven, ganzzahligen, steigenden Exponenten fortschreitet, also eine Reihe der Form:

1) $$\sum_{n=0}^{\infty} a_n x^n = a_0 + a_1 x + a_2 x^2 + \ldots + a_n x^n + \ldots$$

Für die Untersuchung solcher Reihen ist folgender *Hilfssatz*, der von Abel herrührt, wichtig:

I. *Seien* $v_1, v_2, \ldots v_p$ *irgendwelche positive oder negative Zahlen: sei jede der Summen*:

$$\begin{aligned} s_1 &= v_1, \\ s_2 &= v_1 + v_2, \\ s_3 &= v_1 + v_2 + v_3, \\ &\cdots\cdots \\ s_p &= v_1 + v_2 + v_3 + \ldots + v_p \end{aligned}$$

algebraisch kleiner als eine gewisse Zahl A *und größer als eine gewisse andere Zahl* a; *seien endlich* $e_1, e_2, \ldots, e_p$ *positive Zahlen, und*

$$e_1 > e_2 > e_3 > \ldots > e_{p-1} > e_p;$$

dann ist:

$$e_1 a < e_1 v_1 + e_2 v_2 + \ldots + e_p v_p < e_1 A. \tag{2}$$

Es ist nämlich unter den gemachten Voraussetzungen:

$$\begin{aligned} &e_1 v_1 + e_2 v_2 + \ldots + e_p v_p \\ &= e_1 s_1 + e_2(s_2 - s_1) + e_3(s_3 - s_2) + \ldots + e_{p-1}(s_{p-1} - s_{p-2}) + e_p(s_p - s_{p-1}) \\ &= s_1(e_1 - e_2) + s_2(e_2 - e_3) + \ldots + s_{p-1}(e_{p-1} - e_p) + s_p e_p \\ &< A(e_1 - e_2) + A(e_2 - e_3) + \ldots + A(e_{p-1} - e_p) + A e_p, \end{aligned}$$

also kleiner als $A e_1$; und ebenso wird gezeigt, daß diese Summe größer als $a e_1$ ist; w. z. b. w.

Es sei nun eine beliebige Potenzreihe der Form (1) vorgelegt, und es sei bekannt, daß diese Reihe für einen gewissen Wert $x = c$ konvergiere. Dann wird zu jeder gegebenen Genauigkeitsgrenze ε nach § 38 der Index n so bestimmt werden können, daß jede der Summen

$$\begin{aligned} &a_{n+1} c^{n+1}, \\ &a_{n+1} c^{n+1} + a_{n+2} c^{n+2}, \\ &a_{n+1} c^{n+1} + a_{n+2} c^{n+2} + a_{n+3} c^{n+3}, \\ &\cdots\cdots\cdots \\ &a_{n+1} c^{n+1} + a_{n+2} c^{n+2} + \ldots + a_{n+p} c^{n+p} \end{aligned}$$

absolut kleiner als ε ist, also zwischen $-\varepsilon$ und $+\varepsilon$ liegt. Ist dann x irgendein Wert von demselben Vorzeichen wie c, aber dem absoluten Betrage nach kleiner, so erfüllen die Zahlen:

$$\frac{x^{n+1}}{c^{n+1}}, \quad \frac{x^{n+2}}{c^{n+2}}, \ldots, \quad \frac{x^{n+p}}{c^{n+p}}$$

die in dem ABELschen Hilfssatze von den Zahlen $e_1, e_2, \ldots, e_p$ geforderten Bedingungen; also folgt aus ihm:

$$-\frac{x^{n+1}}{c^{n+1}}\varepsilon < a_{n+1}x^{n+1} + \ldots + a_{n+p}x^{n+p} < \frac{x^{n+1}}{c^{n+1}}\varepsilon$$

oder:

$$|a_{n+1}x^{n+1} + \ldots + a_{n+p}x^{n+p}| < \varepsilon .$$

Wenn also diese Ungleichung für $x = c$ erfüllt ist, ist sie bei demselben Werte von n im ganzen Intervalle $(0 \ldots c)$ erfüllt. Daraus folgt:

II. *Wenn eine Potenzreihe für irgendeinen Wert $x = c$ konvergiert, konvergiert sie gleichmäßig in dem ganzen Intervalle von 0 bis c und stellt also eine in diesem Intervalle stetige Funktion von x dar.*

Wollen wir auch Werte von x in Betracht ziehen, die nicht mit c gleichbezeichnet sind, so können wir das mit Hilfe der folgenden Bemerkung: Zur Konvergenz der Reihe für $x = c$ ist eine notwendige (wenn auch nicht hinreichende) Bedingung, daß für $x = c$ alle Glieder der Reihe dem absoluten Betrage nach eine gewisse endliche Größe M nicht überschreiten. Für irgendeinen anderen Wert von x sind dann die Glieder der Reihe absolut genommen nicht größer als die der geometrischen Reihe

$$\sum_{n=0}^{\infty} M\left(\frac{x}{c}\right)^n ;$$

da diese Reihe für $|x| < |c|$ konvergiert, so folgt:

III. *Wenn eine Potenzreihe für irgendeinen Wert $x = c$ konvergiert, so konvergiert sie auch für jeden andern Wert von x, dessen absoluter Betrag kleiner als der von c ist.*

Die *Gleichmäßigkeit* der Konvergenz geht aus *diesem* Schlusse nicht hervor; ist aber mit seiner Hilfe gezeigt, daß die Reihe für irgendeinen Wert $-d$ konvergiert, der das entgegengesetzte Vorzeichen wie c hat, so folgt wieder nach dem ersten Satz, daß sie in dem ganzen Intervalle zwischen $-d$ und Null gleichmäßig konvergiert. Da endlich eine Reihe, die in jedem der beiden bei Null aneinandergrenzenden Intervalle $(-d \ldots 0)$ und $(0 \ldots c)$ gleichmäßig konvergiert, auch in dem ganzen Intervalle $(-d \ldots c)$ gleichmäßig konvergiert (vgl. § 39, I), so ergibt sich:

IV. *Wenn eine Potenzreihe für irgendeine Zahl $x = c$ konvergiert, so konvergiert sie gleichmäßig in jedem Intervalle $(-d \ldots + c)$, unter d eine beliebige mit c gleichbezeichnete und absolut kleinere Zahl verstanden, und stellt also eine in diesem Intervalle stetige Funktion vor.*

Für den Wert $x = -c$ gilt der Schluß nicht; in der Tat braucht für ihn Konvergenz nicht stattzufinden.

Wir können nun die reellen Zahlen so in zwei Klassen c, C teilen, daß wir zu den c alle Zahlen $\leqq 0$ rechnen und diejenigen positiven, für welche eine vorgelegte Potenzreihe $\mathfrak{P}(x)$ konvergiert, zu den C alle übrigen. Nach Satz II ist jedes c kleiner als jedes C. Es sind dann die Fälle zu unterscheiden:

1. C besteht aus allen positiven Zahlen; dann konvergiert die Reihe $\mathfrak{P}(x)$ nur für $x = 0$. *Beispiel*: $1x + 2^2x + 3^3x^3 + 4^4x^4 + \ldots + n^nx^n + \ldots$. Ist nämlich $|x| > 0$ beliebig gegeben, so gibt es eine ganze positive Zahl $n > \frac{1}{|x|}$; für dieses n und alle größeren wird das allgemeine Glied n^nx^n der Reihe dem Betrage nach > 1. Die Reihe divergiert somit stets, falls $|x| > 0$ ist.

2. Zur Klasse C gehört keine Zahl; dann konvergiert die Reihe für jedes reelle x. *Beispiel*: $\frac{x}{1} + \frac{x^2}{2^2} + \frac{x^3}{3^3} + \ldots + \frac{x^n}{n^n} + \ldots$. Ist nämlich x beliebig gegeben, so ist von einem gewissen n ab das allgemeine Glied der Reihe dem Betrage nach $< \left(\frac{1}{2}\right)^n$ also kleiner als das Glied einer absolut konvergenten Reihe.

3. Durch den Schnitt $c \mid C$ ist eine positive Zahl γ definiert; dann konvergiert die Reihe für alle Werte von x, die absolut kleiner als γ sind, und divergiert für alle, die absolut größer als γ sind. *Beispiel*: $1 + x + x^2 + x^3 + \ldots; \gamma = 1$. Wir können also den Satz aussprechen:

V. *Eine Potenzreihe, die nicht für alle Werte von x konvergiert und auch nicht nur für $x = 0$, besitzt stets ein bestimmtes Konvergenzintervall $(-\gamma \ldots + \gamma)$ von der Eigenschaft, daß die Reihe innerhalb dieses Intervalls* (d. h. für $|x| < \gamma$) *konvergiert, außerhalb desselben* (d. h. für $|x| > \gamma$) *divergiert.*

Über das Verhalten der Reihe an den Grenzpunkten des Intervalls, für $x = \gamma$ und $x = -\gamma$, sagt der Satz nichts aus: die Reihe kann an beiden konvergieren, an beiden divergieren oder am einen konvergieren, am anderen divergieren. In der Tat werden uns (z. B. in § 56) von allen drei Möglichkeiten wirklich Beispiele begegnen.

Man beachte noch

VI. *Sind*

$$\mathfrak{P}(x) = a_0 + a_1x + a_2x^2 + \ldots,$$

$$\mathfrak{P}_1(x) = b_0 + b_1x + b_2x^2 + \ldots$$

zwei im Innern eines Intervalls $(-r, +r)$ *konvergente Potenzreihen, so gelten nach* § 45 *für alle* $|x| < r$ *ebenfalls die Entwicklungen*

$$\mathfrak{P}(x) \pm \mathfrak{P}_1(x) = (a_0 \pm b_0) + (a_1 \pm b_1)x + (a_2 \pm b_2)x^2 + \ldots,$$

$$\mathfrak{P}(x) \cdot \mathfrak{P}_1(x) = a_0 b_0 + (a_0 b_1 + b_0 a_1)x + (a_0 b_2 + a_1 b_1 + a_2 b_0)x^2 + \ldots$$
$$+ (a_0 b_n + a_1 b_{n-1} + a_2 b_{n-2} + \ldots + a_{n-1} b_1 + a_1 b_0)x^n + \ldots$$

Der Cauchysche Doppelreihensatz ist auf Potenzreihen häufig in folgender Fassung anzuwenden:

VII. $\mathfrak{p}_0(x)$, $\mathfrak{p}_1(x)$, $\mathfrak{p}_2(x)$ ... *seien Reihen der Form*

$$\mathfrak{p}_n(x) = a_{n0} + a_{n1}x + a_{n2}x^2 + a_{n3}x^3 + \ldots (n = 0, 1, 2, 3, \ldots)$$

und es sei die Reihe

$$s = \mathfrak{p}(x) + y\,\mathfrak{p}_1(x) + y^2\,\mathfrak{p}_2(x) + y^3\,\mathfrak{p}_3(x) + \ldots$$

vorgelegt; es mögen für alle $|x| < r$ *nicht nur die einzelnen Reihen* $\mathfrak{p}_n(x)$ *konvergieren, sondern auch*

$$\mathfrak{P}_n(x) = |a_{n0}| + |a_{n1}x| + |a_{n2}x^2| + |a_{n3}x^3| + \ldots (n = 0, 1, 2, 3, \ldots);$$

auch möge für $|x| < r$, $|y| < \varrho$ *nicht nur die Reihe* s *konvergieren, sondern auch die Reihe*

$$S = \mathfrak{P}_0(x) + |y|\,\mathfrak{P}_1(x) + |y^2|\,\mathfrak{P}_2(x) + |y^3|\,\mathfrak{P}_3(x) + \ldots.$$

Dann konvergieren für $|y| < \varrho$ *auch sämtliche Reihen*

$$\mathfrak{q}_m(y) = a_{0m} + a_{1m}y + a_{2m}y^2 + a_{3m}y^3 + \ldots (m = 0, 1, 2, 3 \ldots)$$

und s *läßt sich für alle* $|x| < r$, $|y| < \varrho$ *durch die nach Potenzen* von x *geordnete Reihe*

$$s = \mathfrak{q}_0(y) + x\,\mathfrak{q}_1(y) + x^2\,\mathfrak{q}_2(y) + x^3\,\mathfrak{q}_3(y) + \ldots$$

darstellen.

ACHTER ABSCHNITT.

Die binomische Reihe. Die Potenzreihen für den Logarithmus und die Exponentialfunktion.

§ 55. Eindeutige Bestimmtheit der Potenzreihenentwicklung.

Die ausgezeichneten Eigenschaften, die den Ergebnissen der beiden letzten Paragraphen zufolge den Potenzreihen zukommen, machen sie zu einem besonders wichtigen Hilfsmittel für alle Untersuchungen, die über die Betrachtung der rationalen Funktionen hinausgehen. Wir stellen uns daher die Aufgabe, die bereits in den Elementen der Mathematik eingeführten Funktionen — also neben den Potenzen mit beliebigen Exponenten die Logarithmen und die trigonometrischen Funktionen — in derartige Reihen zu entwickeln.

Dabei entsteht zunächst die Frage, ob eine solche Entwicklung für eine beliebige Funktion, d. h. für ein beliebiges Abhängigkeitsgesetz *möglich* sei. Man sieht leicht ein, daß das nicht der Fall ist: schon die Ergebnisse des letzten Paragraphen zeigen, daß dazu die Stetigkeit der Funktion eine notwendige Bedingung ist; aber diese reicht keineswegs aus. Weitere Bedingungen erhalten wir durch die folgende Überlegung. Sei

1) $$f(x) \equiv a_0 + a_1 x + a_2 x^2 + \ldots + a_n x^n + \ldots;$$

dann ist einerseits $f(0) = a_0$; andererseits, eben wegen der Stetigkeit einer durch eine Potenzreihe dargestellten Funktion in ihrem Konvergenzgebiet, auch $\lim\limits_{x \to 0} f(x) = f(0)$; also:

2) $$\lim_{x \to 0} f(x) = a_0 .$$

Für alle von Null verschiedenen Werte des Konvergenzgebietes der Reihe (1) ergibt sich dann weiter durch Division mit x:

3) $$\frac{f(x) - a_0}{x} \equiv a_1 + a_2 x + \ldots + a_n x^{n-1} + \ldots .$$

Die rechte Seite dieser Gleichung ist wieder eine Potenzreihe, sie hat also für $x = 0$ ebenfalls einen bestimmten Grenzwert und zwar a_1; also muß auch die linke Seite mit abnehmendem x gegen einen bestimmten Grenzwert konvergieren, und es muß

$$\lim_{x \to 0} \frac{f(x) - a_0}{x} = a_1 \tag{4}$$

sein. So kann man fortfahren; man findet:

I. *Soll eine Funktion nach Potenzen von x mit positiven ganzzahligen Exponenten entwickelbar sein, so ist dazu jedenfalls erforderlich, daß die Grenzwerte*

$$\left\{\begin{array}{ll} \lim\limits_{x \to 0} f(x) & = a_0, \\ \lim\limits_{x \to 0} \frac{f(x) - a_0}{x} & = a_1, \\ \lim\limits_{x \to 0} \frac{f(x) - a_0 - a_1 x}{x^2} & = a_2, \\ \lim\limits_{x \to 0} \frac{f(x) - a_0 - a_1 x - a_2 x^2}{x^3} & = a_3, \\ \ldots\ldots\ldots & \end{array}\right. \tag{5}$$

existieren.

Übrigens ist auch diese Bedingung für die Entwickelbarkeit keine hinreichende, sondern nur eine notwendige. Wir werden auch die Gleichungen (5) nicht zur Bestimmung der Koeffizienten in der Entwicklung einer vorgelegten Funktion verwenden, da die direkte Bestimmung der in ihnen auftretenden Grenzwerte gewöhnlich schwierig ist. Dagegen werden wir aus diesen Gleichungen einen wichtigen Schluß ziehen. Sie zeigen nämlich, daß die Werte dieser Koeffizienten allein durch die Werte der vorgelegten Funktion bestimmt sind; m. a. W.:

II. *Wenn eine Funktion sich überhaupt in eine Potenzreihe der hier betrachteten Art entwickeln läßt, so ist die Entwicklung immer nur auf eine Art möglich.*

Finden wir also für eine und dieselbe Funktion auf zwei verschiedenen Wegen Entwicklungen, so können wir stets schließen, daß entsprechende Koeffizienten beider Entwicklungen übereinstimmen müssen.

§ 56. Die Konvergenz der Binomialreihe.

Zur Berechnung des Wertes einer Potenz mit gebrochenem Exponenten haben wir bis jetzt kein anderes Mittel kennen gelernt, als daß wir sie durch eine Wurzel darstellen und dann diese Wurzel nach der Vorschrift von § 32 in immer engere Grenzen einschließen; ist der Exponent irrational, so ist noch ein zweiter Grenzübergang erforderlich (§ 35). Wir bekämen ein weit bequemeres Verfahren, wenn wir das Binomialtheorem:

$$1)\qquad (1+x)^m = 1 + mx + \frac{m(m-1)}{1\cdot 2}x^2 + \frac{m(m-1(m-2)}{1\cdot 2\cdot 3}x^3 + \ldots,$$

dessen Gültigkeit in § 29 zwar für beliebige Basen, aber nur für positive ganzzahlige Exponenten dargetan ist, auch für andere Exponenten in Anspruch nehmen dürften. Newton hat zuerst ausgesprochen, daß das in der Tat erlaubt sei. Wollen wir untersuchen, inwiefern diese Behauptung richtig ist, so müssen wir zuerst die Vorfrage aufwerfen, ob die Reihe auf der rechten Seite von (1) für andere als positive ganzzahlige Exponenten überhaupt einen bestimmten Sinn hat. Ist m positiv ganz, so bricht die rechte Seite von selbst ab, indem schließlich ein Faktor $m - m = 0$ auftritt. Ist aber m nicht positiv ganz, so tritt ein solches Abbrechen nicht ein, die Reihe auf der rechten Seite von (1) ist dann eine unendliche Reihe. Eine solche Reihe hat einen bestimmten Sinn nur dann, wenn sie konvergiert. Wir müssen also vor allem nach der Konvergenz der Reihe (1) fragen.

Auf diese Frage geben uns die Konvergenzkriterien der §§ 41, 42 Aufschluß. Der Quotient zweier aufeinanderfolgender Glieder der Reihe ist nämlich:

$$2)\qquad \frac{a_{n+1}}{a_n} = \frac{m-n}{n+1}x = -\frac{1-\frac{m}{n}}{1+\frac{1}{n}}x,$$

also ist:

$$3)\qquad \lim_{n\to\infty}\frac{a_{n+1}}{a_n} = -x.$$

Daraus folgt zunächst nach dem Cauchyschen Kriterium (§ 41, I), daß die Reihe für $|x| < 1$ jedenfalls konvergiert, für $|x| > 1$ jedenfalls divergiert. Die beiden Fälle $x = 1$ und $x = -1$ lassen sich mit Hilfe des Cauchyschen Kriteriums nicht erledigen, sondern bedürfen einer näheren Untersuchung:

Für $x = -1$ wird der Quotient zweier aufeinanderfolgender Glieder, wenn n groß genug geworden ist, positiv, die Glieder haben also schließlich alle gleiches Zeichen. Dabei ist:

$$4)\qquad n\left(1-\frac{a_{n+1}}{a_n}\right) = n\left(1+\frac{m-n}{n+1}\right) = \frac{n}{n+1}(m+1).$$

Die rechte Seite von (4) konvergiert für wachsende n gegen $m+1$;

daraus folgt nach dem Raabeschen Kriterium (§ 41, II), daß die Reihe in diesem Falle für $m > 0$ konvergiert, für $m < 0$ divergiert.

Für $x = +1$ haben die Glieder schließlich abwechselnde Zeichen, stimmen aber dem absoluten Betrag nach mit den Gliedern der Reihe für $x = -1$ überein. Daraus ergibt sich schon, daß auch für $x = 1$, $m > 0$ die Reihe unbedingt konvergiert. Ferner ist im Falle $x = +1$ der Quotient zweier aufeinanderfolgender Glieder absolut genommen gleich

$$\frac{n-m}{n+1}, \tag{5}$$

also kleiner als 1, wenn m zwischen Null und -1 liegt, größer als 1, wenn m algebraisch kleiner als -1 ist. Für $x = +1$; $m < -1$ wachsen also die Glieder der Reihe, sie muß divergieren, für $x = +1$, $0 > m > -1$ dagegen nehmen sie beständig ab; und zwar sinken sie dabei unter jede Grenze. Denn es ist:

$$\frac{n-m}{n+1} = 1 - \frac{m+1}{n+1}, \tag{6}$$

also wenn die nach Voraussetzung in diesem Falle positive Zahl $m + 1 = \mu$ gesetzt wird, nach § 30, (5):

$$|a_1| = m$$

$$|a_2| = m\left(1 - \frac{\mu}{2}\right) < m\left(1 + \frac{\mu}{2}\right)^{-1}$$

$$|a_3| = |a_2|\left(1 + \frac{\mu}{3}\right) < m\left(1 + \frac{\mu}{2}\right)^{-1}\left(1 + \frac{\mu}{3}\right)^{-1} < m\left(1 + \frac{\mu}{2} + \frac{\mu}{3}\right)^{-1}$$

$$\cdots\cdots\cdots\cdots$$

$$|a_n| < m\left(1 + \frac{\mu}{2} + \frac{\mu}{3} + \cdots + \frac{\mu}{n}\right)^{-1}. \tag{7}$$

Da die Summe

$$\frac{1}{2} + \frac{1}{3} + \frac{1}{4} + + + \cdots + \frac{1}{n}$$

nach § 40 mit wachsendem n über alle Grenzen wächst, so folgt:

$$\lim_{n\to\infty} a_n = 0. \tag{8}$$

Die Reihe konvergiert also (§ 42) für $x = +1$, $0 > m > -1$, wenn auch nur bedingt. Endlich für $x = +1$, $m = -1$ wird die Reihe einfach:

$$1 - 1 + 1 - 1 + - + \cdots,$$

divergiert also.

Fassen wir alles zusammen, so sehen wir:

Für einen Exponenten, der keine positive ganze Zahl und auch nicht Null ist, konvergiert die Binomialreihe[1] *in folgenden drei Fällen und nur in diesen:*

1. *Wenn* $|x| < 1$ *ist;*
2. *wenn* $x = -1$ *und* m *positiv ist;*
3. *wenn* $x = +1$ *und* m *algebraisch größer als* -1 *ist.*

Die sich für $m = 0, 1, 2, 3 \ldots$ ergebenden endlichen Reihen dürfen und wollen wir der Gleichförmigkeit halber auch als unendliche mit unendlich vielen Gliedern gleich Null ansehen. Je nachdem dann, die beliebige reelle Zahl m

a) $\geqq 0$ oder
b) < 0, aber > -1 oder
c) $\leqq -1$ ist,

verstehen wir unter J ein folgendermaßen definiertes Intervall:

im Falle a) gehören zu J alle Werte x, für die $-1 \leqq x \leqq +1$ gilt;
" " b) " " J " " x, " " $-\alpha \leqq x \leqq +1$ " ;
" " c) " " J " " x, " " $-\alpha \leqq x \leqq +\alpha$ " ;

α ist eine beliebige positive Zahl < 1.

Hält man nun m fest, so folgt aus § 54, IV, daß die Konvergenz der Binomialreihe in dem zugehörigen Intervalle J eine gleichmäßige ist; d. h. will man die Reihensumme mit einem Fehler berechnen, der dem Betrage nach kleiner als die willkürlich vorgeschriebene positive Zahl ε ist, so kommt man für alle x des Intervalls J mit der nämlichen Anzahl von Reihengliedern aus und die Reihensumme ist in J eine stetige Funktion von x. Wir nennen jene Anzahl $n(\varepsilon, m)$.

Das unter c) angegebene Intervall $-\alpha \ldots +\alpha$ ist kleiner als jedes der beiden anderen. Wir wollen nunmehr die x auf dieses kleinste Intervall beschränken. Dann genügt für diese x um so mehr eine und dieselbe Gliederzahl (die wir wieder $n(\varepsilon, m)$ nennen wollen), um eine vorgeschriebene Genauigkeit ε zu verbürgen. Ist nun M irgendeine positive Zahl und betrachten wir diese Zahlen $n(\varepsilon, m)$, die zu allen m gehören, welche die Ungleichung

9) $$-M \leqq m \leqq M$$

befriedigen, so ist die Frage: Gibt es unter diesen Zahlen $n(\varepsilon, m)$ (bei festgehaltenem ε) eine größte? (Daß unter unendlich vielen

[1] Man vergesse nicht, daß wir zwar durch unseren Konvergenzbeweis die Existenz dieser Reihensumme bewiesen haben, aber durchaus noch nicht, daß ihr Wert $= (1 + x)^m$ ist.

Zahlen eine größte vorhanden ist, ist ja durchaus nicht selbstverständlich.)

Die Antwort auf diese Frage lautet: Ja, und zwar ist die größte der Zahlen $n(\varepsilon, m)$ diejenige Gliederanzahl, die man in der Binomialreihe beibehalten muß, wenn man für

10) $$x = -\alpha, \quad m = -M$$

die Genauigkeit ε erziehen will. Denn für dieses Wertepaar wird der Rest der Reihe von irgendeinem Gliede ab größer als für irgendein anderes die Bedingungen $|x| \leqq \alpha$, $|m| \leqq M$ erfüllendes Wertepaar. Alle Glieder der Restreihe (§ 38) sind nämlich für $x = -\alpha$, $m = -M$ positiv und zugleich von einem Betrage, der für kein anderes zugelassenes Wertepaar $|x| \leqq \alpha$, $|m| \leqq M$ erreicht wird.

Die Binomialreihe konvergiert somit, wenn x irgend eine feste Zahl des Intervalls $(-\alpha \ldots + \alpha)$ ist, gleichmäßig für alle m, welche die Ungleichung (9) befriedigen. Ihre Summe ist daher unter der gleichen Voraussetzung bezüglich x eine stetige Funktion von m und zwar für jedes beliebige reelle m, denn M darf in (9) beliebig groß sein.

§ 57. Wert der Binomialreihe.

Um nun zu untersuchen, welches die Summe der Binomialreihe ist in denjenigen Fällen, in denen sie konvergiert, bezeichnen wir diese Summe, die ja von x und von m abhängen wird, vorläufig mit $f(x, m)$. Für positive ganzzahlige Werte von m und n gilt dann jedenfalls die Gleichung:

1) $$f(x, m) \cdot f(x, n) = f(x, m+n).$$

Denn unter dieser Voraussetzung brechen die Reihen ab, und es ist:

2) $$f(x,m) = (1+x)^m, \quad f(x,n) = (1+x)^n, \quad f(x, m+n) = (1+x)^{m+n}.$$

Die beiden Seiten der Gleichung (1) sind in diesem Falle rationale ganze Funktionen von x; entwickelt man beide Seiten nach Potenzen von x und vergleicht die Koeffizienten von x^r, so findet man auf Grund von § 47, daß die Gleichung:

3) $$\binom{m}{0}\binom{n}{r} + \binom{m}{1}\binom{n}{r-1} + \binom{m}{2}\binom{n}{r-2} + \cdots + \binom{m}{r}\binom{n}{0} = \binom{m+n}{r}$$

für alle positiven ganzzahligen Werte von m, n und r bestehen muß. Die beiden Seiten dieser Gleichung sind aber für jedes gegebene Wertepaar n, r rationale ganze Funktionen von m; soll sie für alle ganzzahligen Werte von m bestehen, so müssen, wieder nach § 47, die Koeffizienten gleichhoher Potenzen von m auf beiden Seiten einander gleich sein. Diese Koeffizienten ihrerseits sind bei gegebenem r ganze rationale Funktionen von n; sollen sie für jeden positiven ganzzahligen Wert von n einander gleich sein, so müssen in ihnen wieder die Koeffizienten gleichhoher Potenzen von n übereinstimmen. Daraus ergibt sich dann weiter, daß die Gleichung (3), bei jedem ganzzahligen Werte von r, nicht nur für positive ganzzahlige Werte von m und n, sondern überhaupt für beliebige Werte dieser Größen richtig ist. (Für andere als ganzzahlige Werte von r hat sie keine Bedeutung.) Daraus folgt endlich, daß auch die Gleichung (1) für alle diejenigen Werte von x, m, n gilt, für welche die Reihen unbedingt konvergieren. Denn für alle solchen Werte dürfen wir nach § 54, VI die beiden Reihen auf der linken Seite der Gleichung ausmultiplizieren und die Glieder mit gleichen Potenzen von x in je ein Glied zusammenfassen; dann erhalten wir aber wegen der Gleichung (3) gerade die rechts stehende Reihe.

Nachdem so die Allgemeingültigkeit der Gleichung (1) nachgewiesen ist, setzen wir in ihr zunächst m gleich einer positiven ganzen Zahl und $n = -m$; dann ergibt sie:

$$f(x, m) \cdot f(x, -m) = 1;$$

also:

$$f(x, -m) = \frac{1}{f(x, m)} = (1 + x)^{-m}.$$

Die Gleichung (2) gilt also auch für negative ganzzahlige Exponenten.

Ferner setzen wir in (1) $n = m$, dann erhalten wir:

$$f(x, 2m) = (f(x, m))^2.$$

Hierauf setzen wir in (1) $n = 2m$, dann erhalten wir mit Rücksicht auf das eben abgeleitete Resultat:

$$f(x, 3m) = f(x, m) \cdot f(x, 2m) = (f(x, m))^3.$$

So fortfahrend erhalten wir

$$f(x, qm) = (f(x, m))^q$$

für jede positive ganze Zahl q und jede beliebige Zahl m; wenn wir hier $m = p/q$ setzen:

$$f(x, p) = \left(f\left(x, \frac{p}{q}\right)\right)^q,$$

und daraus durch Wurzelziehen:

$$f\left(x, \frac{p}{q}\right) = (1 + x)^{\frac{p}{q}}.$$

Hier kann, auch wenn q eine gerade Zahl ist, nur ein Wert der Wurzel der richtige sein; denn die linke Seite hat in allen Fällen, in denen die Reihe überhaupt konvergiert, einen einzigen bestimmten

Wert. Die folgende Überlegung zeigt, daß in jedem Falle der positive Wert der Wurzel zu nehmen ist. Innerhalb des ganzen Konvergenzintervalls $(-1 \ldots +1)$ sind sowohl die Reihensumme als der positive Wert der Wurzel stetige Funktionen von x, die erstere nach § 54, IV der letztere nach § 35 (14). Ein stetiger Übergang von einem positiven Wurzelwert zu einem negativen könnte nach § 52, I nur durch Null hindurch stattfinden; die Wurzel wird aber im Innern des Konvergenzintervalls nirgends Null. Also muß entweder innerhalb des ganzen Intervalls das positive Vorzeichen der Wurzel gelten, oder innerhalb des ganzen Intervalls das negative; und da für $x = 0$ die Reihe sich auf $+1$ reduziert, so folgt:

Die Gleichung (2) *gilt für gebrochene Exponenten in dem Sinne, daß die Reihensumme stets dem positiven Wert der rechten Seite gleich ist.*

Endlich folgt aus dem Schlußsatz von § 56, daß wir in bezug auf den Exponenten zur Grenze übergehen dürfen, daß also *die Gleichung* (2) *auch für irrationale Exponenten gilt.*

Alles das ist zunächst für diejenigen Fälle bewiesen, in denen die Reihe *unbedingt* konvergiert, da wir die Multiplikationsregel für unendliche Reihen, auf die der Beweis sich stützt, nur für diese Fälle bewiesen hatten. Wir können aber die für $x = +1$, $m < 0$, aber > -1 auftretenden Fälle bedingter Konvergenz mit hereinziehen, indem wir uns darauf stützen, daß dann die Reihe, als Funktion von x betrachtet, im ganzen Intervall $(0, +1)$ gleichmäßig kongiert (§ 54, IV); daher ist für alle m, die < 0, aber > -1 sind, die Reihensumme

$$\begin{aligned} f(1, m) &= \lim_{x \to 1-0} f(x, m) = \lim_{x \to 1-0} (1+x)^m \\ &= 2^m . \end{aligned}$$

Also können wir den allgemeinen Satz aussprechen:

Wenn die Binomialreihe konvergiert, ist ihre Summe gleich dem positiven Wert der Potenz $(1+x)^m$.

Ihrer häufigen Verwendung wegen seien für einige Werte von m die ersten Glieder der Reihe mit ausgerechneten Koeffizienten angegeben:

4) $$\frac{1}{1+x} = 1 - x + x^2 - x^3 + - + \ldots \text{ (vgl. auch § 39, (3))};$$

5) $$\frac{1}{(1+x)^2} = 1 - 2x + 3x^2 - 4x^3 + - + \ldots \text{ (vgl. auch § 45, (5))};$$

6) $$\sqrt{1+x} = 1 + \frac{1}{2}x - \frac{1}{8}x^2 + \frac{1}{16}x^3 - + - \ldots;$$

7) $$\frac{1}{\sqrt{1+x}} = 1 - \frac{1}{2}x + \frac{3}{8}x^2 - \frac{5}{16}x^3 + - + \ldots$$

Die folgenden Beispiele mögen zeigen, wie man die binomische Reihe zum Wurzelausziehen verwenden kann:

$$\sqrt{2} = \frac{3}{2}\sqrt{\frac{8}{9}} = \frac{3}{2}\left(1 - \frac{1}{9}\right)^{\frac{1}{2}} = \frac{3}{2}\left(1 - \frac{1}{2\cdot 9} - \frac{1}{8\cdot 9\cdot 9} - \frac{1}{4\cdot 4\cdot 9\cdot 9\cdot 9} - \ldots\right)$$

oder noch besser:

$$\sqrt{2} = \frac{10}{7}\sqrt{\frac{49}{50}} = \frac{10}{7}\left(1 - \frac{1}{50}\right)^{\frac{1}{2}} = \frac{10}{7}\left(1 - \frac{1}{100} - \frac{1}{2\cdot 100^2} - \frac{1}{2\cdot 100^3} - \ldots\right)$$

$$= \frac{1}{7}\cdot 9{,}899495 = 1{,}4142136,$$

$$\sqrt{3} = \frac{5}{3}\sqrt{\frac{27}{25}} = \frac{5}{3}\left(1 + \frac{2}{25}\right)^{\frac{1}{2}} = \frac{5}{3}\left(1 + \frac{2}{25} - \frac{1}{2\cdot 25^2} + - \ldots\right) = 1{,}732,$$

$$\sqrt[3]{2} = \frac{5}{4}\sqrt[3]{\frac{128}{125}} = \frac{5}{4}\left(1 + \frac{2}{125}\right)^{\frac{1}{3}} = \frac{5}{4}\left(1 + \frac{1}{125} - \frac{1}{125^2} + - \ldots\right) = 1{,}2599,$$

$$\sqrt[3]{3} = \frac{3}{2}\sqrt[3]{\frac{24}{27}} = \frac{3}{2}\left(1 - \frac{1}{9}\right)^{\frac{1}{3}}$$

oder noch besser

$$\sqrt[3]{3} = \frac{10}{7}\sqrt[3]{\frac{1029}{1000}} = \frac{10}{7}\left(1 + \frac{29}{1000}\right)^{\frac{1}{3}} = \frac{10}{7}\left(1 + \frac{29}{3\cdot 1000} - \frac{29^2}{9\cdot 1000^2} + - \ldots\right)$$

$$= 1{,}4423,$$

$$\sqrt{5} = \frac{20}{9}\sqrt{\frac{81}{80}},\quad \sqrt{6} = \frac{5}{2}\sqrt{\frac{24}{25}},\quad \sqrt{7} = \frac{8}{3}\sqrt{\frac{63}{64}},\quad \sqrt{10} = \frac{25}{8}\sqrt{\frac{128}{125}}\ \text{usw.},$$

$$\sqrt[3]{4} = \frac{8}{5}\sqrt[3]{\frac{500}{512}},\quad \sqrt[3]{5} = \frac{5}{3}\sqrt[3]{\frac{27}{25}},\quad \sqrt[3]{6} = \frac{9}{5}\sqrt[3]{\frac{250}{243}},\quad \sqrt[3]{7} = 2\sqrt[3]{\frac{7}{8}},$$

$$\sqrt[3]{9} = 2\sqrt[3]{\frac{9}{8}}\ \text{usw.}$$

§ 58. Die Exponentialreihe.

Betrachtet man in einer Potenz die Basis als konstant, den Exponenten als veränderlich, so nennt man sie zum Unterschied eine *Exponentialfunktion.* Insbesondere kommt dieser Name derjenigen Potenz mit veränderlichem Exponenten zu, deren Basis die Zahl

$$e = \lim_{n\to\infty}\left(1 - \frac{1}{n}\right)^n = \lim_{n\to\infty}\left(1 - \frac{1}{n}\right)^{-n} \quad (\text{vgl. § 36})$$

ist. Es ist für unsere folgende Untersuchung wichtig festzustellen, daß allgemeiner gilt:

$$e = \lim\left(1 + \frac{1}{x}\right)^x \qquad (\text{vgl. § 49}).$$

Zum Beweise stellen wir zunächst, indem wir unter n eine positive ganze Zahl, unter ν eine Zahl > 0, aber < 1 verstehen, die beiden Ungleichungen auf:

1)
$$\left\{\begin{aligned} \left(1+\frac{1}{n+\nu}\right) &> \left(1+\frac{1}{n+1}\right)^n, \text{ d. i.} \\ &> \left(1+\frac{1}{n+1}\right)^{n+1}\cdot\left(1-\frac{1}{n+2}\right) \end{aligned}\right.$$

und

2)
$$\left\{\begin{aligned} \left(1+\frac{1}{n+\nu}\right)^{n+\nu} &< \left(1+\frac{1}{n}\right)^{n+1}, \text{ d. i.} \\ &< \left(1+\frac{1}{n}\right)^n\cdot\left(1+\frac{1}{n}\right). \end{aligned}\right.$$

Ist also die positive ganze Zahl k so groß gewählt, daß für ein ganzzahliges $n \geqq k$

$$0 < e - \left(1+\frac{1}{n}\right)^n < \frac{\varepsilon}{2}$$

ist (§ 36), so folgt aus (1) für $x = n + \nu > k$

3)
$$\left\{\begin{aligned} e-\left(1+\frac{1}{x}\right)^x &< e-\left(1+\frac{1}{n+1}\right)^{n+1}+\frac{1}{n+2}\left(1+\frac{1}{n+1}\right)^{n+1} \\ &< \frac{\varepsilon}{2}+\frac{4}{n} \\ &< \varepsilon, \end{aligned}\right.$$

falls k noch die Bedingung $k > \frac{8}{\varepsilon}$ erfüllt. Dagegen ergibt sich aus (2)

3′)
$$\left\{\begin{aligned} e-\left(1+\frac{1}{x}\right)^x &> e-\left(1+\frac{1}{n}\right)^n-\frac{1}{n}\left(1+\frac{1}{n}\right)^n \\ &> -\frac{4}{n} \\ &> -\varepsilon. \end{aligned}\right.$$

Nach (3), (3′) ist also

4)
$$\lim_{x\to+\infty}\left(1+\frac{1}{x}\right)^x = e.$$

Ähnlich wie bei dem auf ganzzahlige n beschränkten Grenzübergang des § 36 findet man weiter für $x > k$ mit Benutzung von § 35 (12):

$$1-\frac{1}{x-\frac{1}{x}} \leqq \left(1-\frac{1}{x^2}\right)^x \leqq \frac{1}{1+\frac{1}{x}},$$

also

4′)
$$\lim_{x\to+\infty}\left(1-\frac{1}{x^2}\right)^x = 1$$

und

$$\lim_{x \to +\infty}\left(1 - \frac{1}{x}\right)^{-x} = \frac{\lim\limits_{x \to +\infty}\left(1 + \frac{1}{x}\right)^{x}}{\lim\limits_{x \to +\infty}\left(1 - \frac{1}{x^2}\right)^{x}} = e$$

oder

5) $$\lim_{x \to -\infty}\left(1 + \frac{1}{x}\right)^{x} = e\,.$$

Die Gleichungen (4) und (5) zusammen besagen soviel wie die folgende:

6) $$\lim_{x \to \infty}\left(1 + \frac{1}{x}\right)^{x} = e$$

oder

7) $$\lim_{z \to 0}(1 + z)^{\frac{1}{z}} = e\,.$$

Statt z dürfen wir in (7) auch xz schreiben, wenn x irgendeine konstante von Null verschiedene Zahl ist. Wir finden so

$$\lim_{z \to 0}(1 + z\,x)^{\frac{1}{z\,x}} = e\,,$$

also

$$\begin{cases} e^x = \left(\lim\limits_{z \to 0}(1 + z\,x)^{\frac{1}{z\,x}}\right)^{x} \\ \quad = \lim\limits_{z \to 0}\left[(1 + z\,x)^{\frac{1}{z\,x}}\right]^{x} \qquad (\text{§ } 35\ (14))\,, \end{cases}$$

8) $$e^x = \lim_{z \to 0}(1 + z\,x)^{\frac{1}{z}}$$

Bei diesem Grenzübergang brauchen wir von vornherein nur Werte

9) $$|z| < \frac{1}{1 + |x|}$$

zu betrachten; die rechte Seite von (8) läßt sich dann durch die binomische Reihe

10) $$\begin{cases} (1 + z\,x)^{\frac{1}{z}} = 1 + x + \frac{x^2}{1\cdot 2}(1 - z) + \frac{x^3}{3!}(1 - z)(1 - 2\,z) \\ \qquad + \frac{x^4}{4!}(1 - z)(1 - 2\,z)(1 - 3\,z) + \ldots \end{cases}$$

darstellen. Das allgemeine Glied dieser Reihe ist wegen (9) dem Betrage nach

$$< \left(\frac{x}{1 + |x|}\right)^{n}\frac{1}{n!}(1 + |x|)(1 + |x| + 1)(1 + |x| + 2)\ldots(1 + |x| + n - 1),$$

d. h. kleiner als das von z unabhängige allgemeine Glied der binomischen Reihe für

$$\left(1 - \frac{|x|}{1+|x|}\right)^{-1-|x|}$$

Die Reihe (10) konvergiert somit für den betrachteten Wert von x und für alle z, die der Ungleichung (9) genügen, *gleichmäßig*, und da die einzelnen Reihenglieder rationale, also stetige Funktionen von z sind, kann der Grenzübergang $z \to 0$ so vollzogen werden, daß in den einzelnen Reihengliedern einfach $z = 0$ gesetzt wird (§ 53 (9)); so findet man aus (8) und (10)

11) $$e^x = 1 + \frac{x}{1} + \frac{x^2}{1\cdot 2} + \frac{x^3}{1\cdot 2\cdot 3} + \cdots + \frac{x^p}{p!} + \cdots$$

zunächst für alle von Null verschiedenen x; aber offenbar gilt Gleichung (11) auch für $x = 0$.

Bricht man die Reihe mit dem Gliede $x^p/p!$ ab (wo $p \geqq |x|$ genommen sei), so ist der Rest absolut nicht größer als

12) $$\begin{cases} \frac{|x|^{p+1}}{(p+1)!}\left\{1 + \frac{|x|}{p+2} + \frac{|x|^2}{(p+2)(p+3)} + \cdots\right\} \\ < \frac{|x|^{p+1}}{(p+1)!}\left\{1 + \frac{|x|}{p+1} + \left(\frac{|x|}{p+1}\right)^2 + \cdots\right\} \end{cases}$$

also kleiner als

12') $$\frac{|x|^{p+1}}{p!(p+1-|x|)}\,.$$

Die Reihe konvergiert demnach für Werte von x von mäßigem absoluten Betrage sehr gut; für größere Werte von $x = n + v$ wird man die Gleichung $e^{n+v} = e^n e^v$ zu Hilfe nehmen, um den Exponenten auf eine Zahl $v < 1$ zu reduzieren. Insbesondere gibt die Reihe (11 für $x = 1$ auch ein Mittel, um die Zahl e selbst rasch mit großer Genauigkeit zu berechnen. Man erhält nämlich:

$$\begin{aligned} 1 &= 1 \\ 1 &= 1 \\ 1/(2!) &= 0{,}5 \\ 1/(3!) &= 0{,}16667 \\ 1/(4!) &= 0{,}04167 \\ 1/(5!) &= 0{,}00833 \\ 1/(6!) &= 0{,}00139 \\ 1/(7!) &= 0{,}00020 \\ 1/(8!) &= 0{,}00002 \\ \hline & \ 2{,}71828 \end{aligned}$$

also auf 4 Dezimalstellen genau:

13) $$e = 2{,}7183\,.$$

Daß e eine *irrationale* Zahl ist, erkennt man folgendermaßen: Wäre e rational $= \frac{p}{q}$ (wo p und q ganze Zahlen sind), so wäre auch

$$e - 1 - \frac{1}{1} - \frac{1}{2!} - \frac{1}{3!} - \ldots - \frac{1}{q!}$$

gleich einem positiven Bruch mit dem Nenner $q!$, also mindestens $= \frac{1}{q!}$; tatsächlich aber ist

$$e - 1 - \frac{1}{1} - \frac{1}{2!} - \frac{1}{3!} \ldots - \frac{1}{q!} < \frac{1}{(q+1)!} \cdot \left(1 + \frac{1}{q+2} + \frac{1}{(q+2)^2} + \ldots\right)$$

also

$$< \frac{1}{(q+1)!}\,\frac{q+2}{q+1},$$

d. h.

$$< \frac{1}{q!}\,.$$

Man kann auch von der Reihe

$$1 + \frac{x}{1} + \frac{x^2}{2!} + \frac{x^3}{3!} + \ldots$$

ausgehen und, nachdem ihre Konvergenz wie eben geschehen dargetan ist (s. (12)), die Übereinstimmung ihrer Summe mit e^x nachweisen. Zu diesem Zwecke bezeichne man die vorläufig noch unbekannte Reihensumme, die ja nach § 54 eine stetige Funktion von x sein wird, mit $f(x)$, irgendeinen zweiten Wert des Arguments mit y und bilde das Produkt: $f(x) \cdot f(y)$. Da die Reihen unbedingt konvergieren, darf man nach § 54,VI ausmultiplizieren; man erhält:

$$\begin{aligned} f(x)f(y) = 1 & \\ & + x + y \\ & + \frac{x^2}{2} + x\,y + \frac{y^2}{2} \\ & + \frac{x^3}{6} + \frac{x^2 y}{2} + \frac{x\,y^2}{2} + \frac{y^2}{6} \\ & + \ldots \\ & + \frac{x^p}{p!} + \frac{x^{p-1}}{(p-1)!}\frac{y}{1} + \frac{x^{p-2}}{(p-2)!}\frac{y^2}{2!} + \ldots + \frac{y^p}{p!} \\ & + \ldots \\ & = 1 + (x+y) + \frac{1}{2}(x+y)^2 + \frac{1}{6}(x+y)^3 + \ldots \\ & + \frac{1}{p!}(x+y)^p + \ldots \end{aligned}$$

d. h.

14) $$f(x)f(y) = f(x+y)\,.$$

Damit ist die Frage auf die andere zurückgeführt: was gibt es für stetige Funktionen einer Veränderlichen, denen die durch die Funktionalgleichung (14) ausgedrückte Eigenschaft zukommt? Um diese Frage zu beantworten, setzen wir in (14) zunächst $y = x$; dann erhalten wir:

$$f(2x) = (f(x))^2.$$

Hierauf setzen wir $y = 2x$ und berücksichtigen das eben gefundene Ergebnis; das gibt:

$$f(3x) = f(x)f(2x) = (f(x))^3.$$

So fortfahrend erhalten wir zunächst für jede positive ganze Zahl m die Gleichung:

15) $$f(mx) = (f(x))^m$$

und speziell für $x = 1$:

16) $$f(m) = (f(1))^m.$$

Setzen wir weiter in (14) y gleich $-x$, so erhalten wir

$$f(x)\cdot f(-x) = f(0) = 1,$$

also wegen (16):

17) $$f(-m) = (f(1))^{-m},$$

m. a. W. die Gleichung (16) gilt auch für negative ganze Zahlen. Setzen wir ferner in (15) x gleich einem Bruch n/m $(m > 0,\ n \gtreqless 0)$ und ziehen dann beiderseits die m^{te} Wurzel, so erhalten wir:

18) $$f\left(\frac{n}{m}\right) = \sqrt[m]{f(n)} = (f(1))^{n/m};$$

m. a. W. die Gleichung (16) gilt auch für gebrochene Werte von m und zwar ist in (18) stets der positive Wert der Wurzel zu nehmen; denn daß $f(x)$ positiv ist, ergibt sich für positive x aus der Reihe selbst und sodann für negative x aus (17). Daß endlich Gleichung (16) auch für irrationale Werte von m gilt, ergibt sich wegen der Stetigkeit beider Seiten durch Grenzübergang, wie bei der Binomialreihe. Dabei ist:

19) $$f(1) = 1 + \frac{1}{1!} + \frac{1}{2!} + \frac{1}{3!} + \dots$$

eine ganz bestimmte Zahl[1]; bezeichnen wir sie mit e und schreiben wir in (16) für m wieder x, so erhalten wir:

$$f(x) = e^x,$$

w. z. b. w.

Ist a irgendeine andere Basis, so hat man

$$a^x = e^{x \ln a}$$

[1] Daß sie mit $\lim\limits_{n\to\infty}\left(1+\frac{1}{n}\right)^n$ übereinstimmt, beweist man leicht mittels der Formel § 8 (2).

wo $\ln a$ zur Abkürzung von $\log_e a$ geschrieben ist, man erhält also:

20) $$a^x = 1 + x \ln a + \frac{(x \ln a)^2}{2!} + \frac{(x \ln a)^3}{3!} + \ldots$$

In der größeren Einfachheit der Entwicklung (11) gegenüber von (20) liegt der Grund für die Bevorzugung von e als Basis.

§ 59. Die logarithmische Reihe.

Die Umkehrung (§ 52) der Funktion $e^x = y$, also den Logarithmus von y für die Basis e, nennt man den *natürlichen Logarithmus* von y. $x = \log_e y$ oder $= \ln y$ (oder auch $= \lg y$).

Wo in der Analysis von Logarithmen ohne Angabe der Basis die Rede ist, sind meist (in diesem Buche immer) natürliche Logarithmen zu verstehen.

Da $y = e^x$ stets > 0 ist, ist die Umkehrfunktion $\ln y$ nur für positive y definiert (vgl. a. § 37); da ferner e^x monoton zunimmt (§ 35 (5)), ist auch $\ln y_1 > \ln y_2$, wenn $y_1 > y_2$ ist. Falls also z. B. $y > 10^n$ ist, ergibt sich $\ln y > n \ln 10 > n$; daraus schließt man

$$\lim_{y \to \infty} \ln y = \infty,$$

und da zu reziproken Argumentwerten entgegengesetzt gleiche Werte des Logarithmus gehören, wird $\ln y$ für positive gegen Null konvergierende y negativ unendlich groß. Die Funktion $\ln x$ erfüllt somit schon die erste der Bedingungen nicht, die wir in § 55 als für die Entwickelbarkeit einer Funktion in eine Potenzreihe notwendig erkannt haben. Dagegen können wir den Logarithmus von $1 + x$ auf folgenden Wege in eine Reihe nach Potenzen von x entwickeln:

Entwickeln wir in der binomischen Reihe (§ 57)

1) $$(1 + x)^m = 1 + \frac{m}{1} x + \frac{m(m-1)}{1 \cdot 2} x^2 + \frac{m(m-1)(m-2)}{1 \cdot 2 \cdot 3} x^3 + \ldots$$

die Koeffizienten der einzelnen Potenzen von x nach Potenzen von m, so erhalten wir eine Doppelreihe, deren Glieder dem absoluten Betrage nach höchstens gleich den entsprechenden Gliedern der Entwicklung von $(1 - |x|)^{-|m|}$ sind. Da diese letzteren alle positiv sind, und da die aus ihnen gebildete Reihe für $|x| < 1$ und für alle m konvergiert, so folgt aus dem CAUCHYschen Doppelreihensatze § 54, VII) daß wir die Reihe (1) nach Potenzen von m umordnen dürfen. Von der umgeordneten Reihe interessieren uns hier nur diejenigen Glieder, die die nullte oder die erste Potenz von m zum

Faktor haben; deren Gesetz können wir aber leicht angeben. Es ist nämlich:

$$2)\qquad \binom{m}{n} = \frac{m(m-1)\ldots(m-n+1)}{1\cdot 2\ \ldots\ n} = (-1)^{n+1}\frac{m}{n} + (m^2),$$

wenn durch (m^2) angedeutet wird, daß die nicht hingeschriebenen Entwicklungsglieder alle mindestens die zweite Potenz von m zum Faktor haben; infolgedessen erhalten wir:

$$3)\qquad (1+x)^m = 1 + m\left(x - \frac{x^2}{2} + \frac{x^3}{3} - + - \ldots\right) + (m^2).$$

Ersetzen wir andererseits in der Gleichung § 58 (20) a durch $1+x$, x durch m, so erhalten wir:

$$4)\qquad (1+x)^m = 1 + m\ \ln(1+x) + (m^2).$$

Da wir aber aus § 55 wissen, daß eine Funktion nur auf eine Weise in eine Reihe nach Potenzen von m entwickelt werden kann, so erhalten wir durch Vergleichung der Koeffizienten der ersten Potenz von m die Gleichung:

$$5)\qquad \ln(1+x) = x - \frac{x^2}{2} + \frac{x^3}{3} - \frac{x^4}{4} + - + \ldots$$

(Die Vergleichung der von m freien Glieder gibt nur die Identität $1 = 1$; die Vergleichung der Koeffizienten der höheren Potenzen würde Reihenentwicklungen der Potenzen des Logarithmus geben.)

Die Gleichung (4) gilt ihrer Ableitung zufolge für $|x| < 1$; denn verschiedene unserer Schlüsse beruhten auf dieser Voraussetzung. Nun kann es in ähnlichen Fällen sehr wohl vorkommen, daß eine Reihe weiter konvergiert, als aus der gerade benutzten Art, sie abzuleiten, hervorgeht. Im vorliegenden Falle dagegen zeigt das Cauchysche Kriterium, daß die Reihe für $|x| > 1$ sicher nicht konvergieren kann. Was die Grenzpunkte $+1$ und -1 des Konvergenzintervalls betrifft, so ist bereits in § 40 gezeigt, daß die Reihe für $x = -1$ divergiert, und in § 42, daß sie für $x = +1$ noch konvergiert. Aus § 54, II und aus der Stetigkeit des Logarithmus folgt dann, daß auch noch die Gleichung gilt:

$$6)\qquad \ln 2 = 1 - \frac{1}{2} + \frac{1}{3} - \frac{1}{4} + - + \ldots;$$

da die Reihe auf der rechten Seite von (6) nur bedingt konvergiert, darf die Reihenfolge ihrer Glieder nicht willkürlich verändert werden.

§ 60. Berechnung der Logarithmen.

Die im vorigen Paragraphen gefundene Reihe (5) ist, wenn x nicht sehr klein ist, zur numerischen Berechnung der Logarithmen wenig geeignet, da man zur Erreichung auch nur einer mäßigen Genauigkeit bei ihr eine große Anzahl Glieder benutzen müßte. Man kann aber aus ihr rascher konvergierende Reihen ableiten. Ersetzt man in ihr zunächst x durch $-x$, so erhält man:

$$1)\qquad \ln(1-x) = -x - \frac{x^2}{2} - \frac{x^3}{3} - - - \ldots$$

und wenn man beide Reihen verbindet:

$$2)\qquad \ln\frac{1+x}{1-x} = 2\left[x + \frac{x^3}{3} + \frac{x^5}{5} + + + \ldots\right].$$

Setzt man hier:

$$3)\qquad \frac{1+x}{1-x} = y\,, \qquad x = \frac{y-1}{y+1} = 1 - \frac{2}{y+1}\,,$$

so erhält man:

$$4)\qquad \ln y = 2\left[\frac{y-1}{y+1} + \frac{1}{3}\left(\frac{y-1}{y+1}\right)^3 + \frac{1}{5}\left(\frac{y-1}{y+1}\right)^5 + + + \ldots\right];$$

und zwar gilt diese Entwicklung für jeden positiven Wert von y, da für jeden solchen Wert das zugehörige x absolut kleiner als 1 ausfällt. Sie konvergiert am besten, wenn y nahe an 1 liegt. Man verwendet sie daher zweckmäßigerweise in folgender Art: Man berechnet zunächst mit ihrer Hilfe ln 2. Dazu ist erforderlich, daß man den Fehler abschätzt, den man begeht, wenn man die Reihe bei einem bestimmten Gliede abbricht. Die Summe der Glieder, die auf $\frac{2}{2n-1}\cdot\left(\frac{1}{3}\right)^{2n-1}$ noch folgen, ist

$$5)\qquad < \frac{2}{2n+1}\cdot\left(\frac{1}{3}\right)^{2n+1}\left[1 + \left(\frac{1}{3}\right)^2 + \left(\frac{1}{3}\right)^4 + \ldots\right], \text{ d. h.} < \frac{1}{4(2n+1)3^{2n-1}},$$

also z. B. für $n = 3$ kleiner als 0,000015, für $n = 4$ kleiner als 0,000002. Man reicht demnach mit einer verhältnismäßig sehr geringen Gliederzahl aus.

Hat man so

$$\ln 2 = 0{,}693147$$

berechnet, so wird man, um ln 3 zu berechnen, nicht direkt in (4) $y = 3$ einführen, sondern erst

$$\ln 3 = \ln 2 + \ln \tfrac{3}{2}$$

setzen und nun die Reihe (4) für $y = \frac{3}{2}$, also die Reihe (2) für $x = \frac{1}{5}$ benutzen, man findet so:

$$\ln 3 = 1{,}098612\,.$$

Dann ergeben sich die Logarithmen von 4 und 6 aus den Gleichungen

$$\ln 4 = 2 \ln 2\,, \qquad \ln 6 = \ln 2 + \ln 3\,,$$

ferner

$$\ln 5 = \ln 4 + \ln \frac{5}{4}$$

oder

$$\ln 5 = \frac{1}{2}\left(\ln 4 + \ln 6 + \ln \frac{25}{24}\right);$$

man hat daher die Reihe (4) für $y = \frac{5}{4}$ oder $y = \frac{25}{24}$ zu benutzen, also die Reihe (2) für $x = \frac{1}{9}$ oder $x = \frac{1}{49}$ und findet

$$\ln 5 = 1{,}6094379\,.$$

Man sieht, daß man nur die Logarithmen der Primzahlen zu berechnen braucht, und daß man, je weiter man fortschreitet, auf immer rascher konvergierende Reihen geführt wird.

Am bequemsten benutzt man die folgende, im Falle $p = 5$ soeben schon angewandte Formel:

$$\ln p = \frac{1}{2}\left(\ln(p-1) + \ln(p+1) + \ln \frac{p^2}{p^2-1}\right);$$

man hat dann in (2) $x = (2p^2 - 1)^{-1}$ zu setzen.

Natürlich wird es erforderlich sein, die ersten Glieder der Tabelle mit größerer Genauigkeit zu berechnen, da sich die Fehler sonst im weiteren Verlaufe der Rechnung häufen könnten. Auch wird man in angemessenen Intervallen einen Logarithmus, den man aus vorher schon berechneten entnommen hat, außerdem auch noch durch die Reihe berechnen, um einen gewissen Schutz gegen Rechenfehler zu haben.

Für die wirkliche Berechnung von Logarithmentafeln kennt man noch verschiedene Kunstgriffe, die die Rechnung erleichtern; von diesen sei hier nur die Verwendung der Interpolation erwähnt.

Hat man die natürlichen Logarithmen berechnet, so erhält man die dekadischen, die in den gewöhnlichen Logarithmentafeln verzeichnet sind, nach § 37 (7) durch Multiplikation mit

$$6)\qquad \log_{10} e = \frac{1}{\log_e 10} = \frac{1}{2{,}302585} = 0{,}434294\,.$$

NEUNTER ABSCHNITT.

Die trigonometrischen Funktionen.

§ 61. Analytische Definitionen der trigonometrischen Funktionen.

In den §§ 57 und 58 sind uns bereits Beispiele dafür begegnet, daß es unter Umständen möglich ist, aus einer *Funktionalgleichung* zusammen mit gewissen *Stetigkeitsbedingungen* und gewissen speziellen Angaben über einzelne Funktionswerte eine Funktion vollständig zu bestimmen und einen analytischen Ausdruck für sie abzuleiten. Auf diesem Wege können wir nun auch zu einer analytischen Definition der Funktionen Sinus, Cosinus, Tangens und Cotangens gelangen, die in der Trigonometrie durch geometrische Überlegungen definiert werden. Wir müssen zu diesem Zwecke nur einige von den Eigenschaften, die in der Goniometrie von jenen Funktionen bewiesen werden, an die Spitze stellen; dabei haben wir noch eine gewisse Willkür in der Auswahl, indem jene Eigenschaften sich zum Teil gegenseitig bedingen. Wir wollen etwa die beiden folgenden Eigenschaften benutzen:

1) $$\sin(R - \alpha) = \cos\alpha$$

und:

2) $$\sin(\alpha + \beta) = \sin\alpha\cos\beta + \cos\alpha\sin\beta\,.$$

Ferner ist es geometrisch einleuchtend, daß Sinus und Cosinus sich stetig mit dem Winkel ändern; wir werden also auch bei der analytischen Definition die Eigenschaft der Stetigkeit von unseren Funktionen fordern. Endlich werden wir auch noch verlangen, daß für den speziellen Wert Null des Arguments die Gleichungen bestehen:

3) $$\sin 0 = 0\,, \qquad \cos 0 = 1\,.$$

Die Konstante R in (1) hängt noch von der gewählten Maßeinheit ab ($R = 1$, falls wir als Einheit des Winkels den Quadranten wählen, $R = 90$ bei der gewöhnlichen Gradmessung). Wollen wir unsere Funktionen analytisch vollständig bestimmen, so müssen wir über diese Maßeinheit noch verfügen; und nun erweist es sich als zweckmäßig, eine andere Verfügung hierüber zu treffen, als in der elementaren Goniometrie gewöhnlich geschieht, ganz ebenso, wie wir die Basis der Logarithmen anders gewählt haben, als in den Elementen, was auch auf eine Veränderung des Maßstabes der Logarithmen hinauskommt. Für die Analysis empfiehlt sich als Winkeleinheit derjenige Winkel, der als Centriwinkel in einem Kreise vom Radius 1 zu einem Bogen von der Länge 1 gehört, also ein Winkel von $(180/\pi)^0 = 57^0 18'$. Der rechte Winkel besitzt in diesem Maßsysteme die Maßzahl $\pi/2 = 1{,}5708$, ein Winkel von einem Grad die Maßzahl $\pi/180 = 0{,}01745$ usw. In den Logarithmentafeln findet sich gewöhnlich ein Hilfstäfelchen zur Erleichterung der für den Übergang von einem Maßsystem auf das andere erforderlichen Rechnungen. Die Gleichung (1) lautet in dem neuen Maßsysteme:

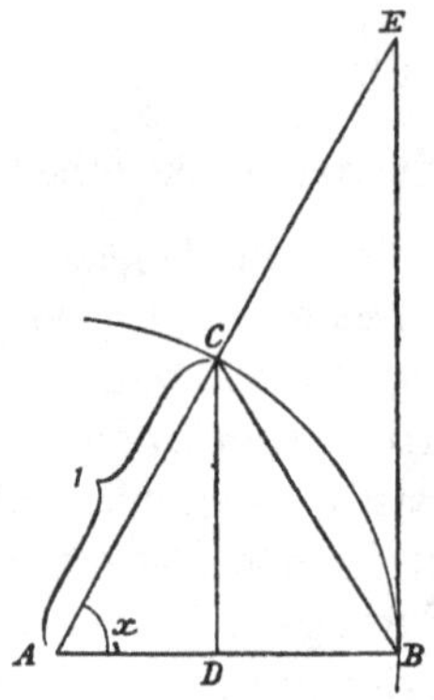

Fig. 1.

$$4)\qquad \sin\left(\frac{\pi}{2} - \alpha\right) = \cos\alpha\ ;$$

die Gleichungen (2), (3) bleiben unverändert.

Entnehmen wir der nebenstehenden Figur die Ungleichung

$$\text{Dreieck } ABC < \text{Sektor } ABC < \text{Dreieck } ABE\,,$$

so finden wir für das gewählte Maßsystem und nur für dieses

$$5)\qquad \sin x < x < \operatorname{tg} x\,,$$

oder

$$5')\qquad 1 > \frac{\sin x}{x} > \cos x\,.$$

Daraus folgt auf Grund der vorausgesetzten Stetigkeit und des Satzes § 24, IV, daß

$$6)\qquad \lim_{x \to 0} \frac{\sin x}{x} = 1$$

ist. Im folgenden sehen wir den Maßstab als durch Gleichung (6) bestimmt an, dafür werden wir, wenn wir (4) benützen, nicht davon Gebrauch machen, daß uns die geometrische Bedeutung der in (4) vorkommenden Zahl $\frac{\pi}{2}$ und auf beliebig viele Dezimalstellen auch ihr Zahlenwert bekannt sind; sondern wir werden (4) nur in dem Sinne benutzen, als durch diese Gleichung die Existenz einer Zahl p verlangt wird, die die Eigenschaft hat, daß identisch $\sin(p - \alpha) = \cos\alpha$ ist. Und zwar bezeichnen wir diese Zahl oder, wenn es mehrere der Art gibt, die kleinste positive unter ihnen, einstweilen mit $\frac{\pi}{2}$. Erst hinterher wird sich dann auf Grund von (6) herausstellen, daß die so definierte Zahl $\frac{\pi}{2}$ die gleiche ist, wie die in der Elementargeometrie ebenso bezeichnete. Wir stellen uns nun die Aufgabe, alle stetigen Funktionen einer Veränderlichen zu finden, die den Gleichungen (2), (3), (4) und (6) genügen. Gelingt es uns zu zeigen, daß es nur ein Paar solcher Funktionen gibt, so können wir sicher sein, daß sie mit den bekannten trigonometrischen Funktionen übereinstimmen.

Um die Lösung der gestellten Aufgabe vorzubereiten, leiten wir aus den Gleichungen (2), (3), (4), (6) zunächst eine Reihe weiterer ab. Aus (4) und (2) erhalten wir:

7) $$\cos(x-y) = \cos x \cos y + \sin x \sin y,$$

also speziell für $y = x$:

8) $$1 = \cos^2 x + \sin^2 x.$$

Ersetzt man in (7) x durch y und y durch x, so findet man $\cos(x-y) = \cos(y-x)$ oder

9) $$\cos x = \cos(-x),$$

d. h. $\cos x$ ist eine *gerade Funktion.* Aus (2) findet man dann für $\alpha = x$, $\beta = -x$ mit Beachtung von (3):

10) $$\sin x = -\sin(-x),$$

d. h. $\sin x$ ist eine *ungerade Funktion.* Vermöge (9), (10) kann man jetzt aus den Formeln (2), (7) die folgenden ableiten:

11) $$\sin(x-y) = \sin x \cos y - \cos x \sin y,$$

12) $$\cos(x+y) = \cos x \cos y - \sin x \sin y.$$

Setzen wir nun in (2) und (12) speziell $y = x$, so erhalten wir:

13) $$\begin{cases} \sin 2x = 2 \sin x \cos x, \\ \cos 2x = \cos^2 x - \sin^2 x. \end{cases}$$

Setzen wir weiter $y = 2x$ und berücksichtigen die eben erhaltenen Gleichungen, so folgt:

14) $$\begin{cases} \sin 3x = 3 \sin x \cos^2 x - \sin^3 x, \\ \cos 3x = \cos^3 x - 3 \sin^2 x \cos x; \end{cases}$$

so weiterschließend erhält man:

15) $$\begin{cases} \sin 4x = 4 \sin x \cos^3 x - 4 \sin^3 x \cos x, \\ \cos 4x = \cos^4 x - 6 \cos^2 x \sin^2 x + \sin^4 x \end{cases}$$

und kommt zur Vermutung, es werde für jede ganze Zahl m sein:

16) $$\begin{cases} \cos mx = \cos^m x - \binom{m}{2} \cos^{m-2} x \sin^2 x + \binom{m}{4} \cos^{m-4} x \sin^4 x - + - \dots \\ \sin mx = m \cos^{m-1} x \sin x - \binom{m}{3} \cos^{m-3} x \sin^3 x + \binom{m}{5} \cos^{m-5} x \sin^5 x - \\ \qquad + - \dots . \end{cases}$$

Die Richtigkeit dieser Vermutung kann man dann leicht durch den Schluß von m auf $m+1$, unter Zuhilfenahme der Relation § 8, (5), bestätigen.

§ 62. Die Periodizität der trigonometrischen Funktionen.

Aus den Gleichungen (3), (4) des § 61 folgt weiter

$$1)\qquad \cos\frac{\pi}{2}=0,\quad \sin\frac{\pi}{2}=1$$

und sodann aus den *Additionstheoremen* § 61, (2), (7), (11), (12) mit Benutzung der Spezialwerte an den Stellen $x=0$ und $x=\frac{\pi}{2}$ für jede ganze Zahl k:

$$2)\qquad \begin{cases} \sin k\pi=0, & \cos\frac{2k+1}{2}\pi=0, \\ \sin\frac{2k+1}{2}\pi=(-1)^k & \cos k\pi=(-1)^k; \end{cases}$$

$$3)\qquad \sin(\pi-x)=\sin x,\quad \cos(\pi-x)=-\cos x,$$

$$3')\qquad \sin(x+\pi)=-\sin x,\quad \cos(x+\pi)=-\cos x,$$

endlich

$$4)\qquad \sin(x+2\pi)=\sin x,\quad \cos(x+2\pi)=\cos x.$$

Man definiert nun:

I. *Eine Funktion von x heißt periodisch mit der Periode a, wenn für alle Werte, die ihr Argument x annehmen kann, die Gleichung gilt:*

$$5)\qquad f(x+a)=f(x).$$

Damit können wir die Gleichungen (4) folgendermaßen aussprechen:

II. *Cosinus und Sinus sind periodische Funktionen mit der Periode 2π.*

Aus einer Gleichung der Form (5) ergeben sich unendlich viele andere von derselben Form. Setzt man nämlich in ihr $x+a$ für x, so folgt:

$$f(x+2a)=f(x+a)=f(x)$$

und daraus weiter:

$$f(x+3a)=f(x),$$
$$f(x+4a)=f(x),$$
$$\cdots\cdots$$

Setzt man ferner $x-a$ für x, so folgt:

$$f(x-a)=f(x),$$
$$f(x-2a)=f(x),$$
$$\cdots\cdots$$

Es ist also allgemein:

6) $$f(x + k a) = f(x)$$

für jede positive oder negative ganze Zahl k. M. a. W.:

III. *Ist a eine Periode einer Funktion $f(z)$, so sind gleichzeitig mit ihr auch alle Zahlen $k a$ Perioden dieser Funktion, wobei k jede positive oder negative ganze Zahl bedeuten kann.*

Die Existenz einer Periode einer Funktion zieht also von selbst die von unendlich vielen andern nach sich; man bedarf daher eines Beiworts zur Unterscheidung solcher Perioden, welche in dieser Weise aus andern abgeleitet werden können, von solchen, für welche das nicht der Fall ist. Demgemäß definiert man:

IV. *Eine Periode a einer periodischen Funktion $f(x)$ heißt primitiv, wenn nicht schon $\frac{a}{2}$ oder $\frac{a}{3}$ oder $\frac{a}{4}$ usw. eine Periode von $f(x)$ ist.*

V. Wir zeigen, *daß $\sin x$ und $\cos x$ keine dem Betrage nach kleinere Periode als 2π besitzen, daß also 2π primitive Periode für sie ist.* Wäre nämlich $2p$ eine Periode und $0 < p < \pi$, so wäre wegen der Periodizität $\sin p = \sin(-p)$, also nach § 61, (10)

7) $$\sin p = 0.$$

Wir haben nun nur noch zu zeigen, daß $\sin x$ keine Nullstelle, die > 0 und $< \pi$ ist, besitzt. Wäre nämlich q die kleinste positive Nullstelle und $q < \pi$, so wäre $\sin x$ innerhalb des Intervalls $(0 \ldots q)$ positiv; denn für kleine Werte $x > 0$ ist $\sin x$ nach § 61, (6) positiv, wäre also $\sin \alpha$ für $\alpha < q$ negativ, so gäbe es (§ 52) eine Nullstelle von $\sin x$, die $< \alpha$, also $< q$ wäre entgegen der gemachten Voraussetzung. Aus $\sin q = 2 \sin \frac{q}{2} \cos \frac{q}{2}$ folgt somit

$$\cos \frac{q}{2} = 0, \quad \sin \frac{q}{2} = +1,$$

(mit Benutzung von § 61, (8)), also infolge § 61, (7):

8) $$\cos\left(\frac{q}{2} - \alpha\right) = \sin \frac{q}{2}$$

Diese Gleichung widerspricht aber der S. 148 gemachten Voraussetzung, daß eine Identität der Form (8) für keine Zahl $\frac{q}{2} < \frac{\pi}{2}$ gilt Damit ist unsere Behauptung V bewiesen; zugleich erkennt man, daß $\frac{\pi}{2}$ die kleinste positive Nullstelle der Funktion $\cos x$ ist, denn sonst hätte $\sin x$ wegen $\sin x = 2 \sin \frac{x}{2} \cos \frac{x}{2}$ eine Nullstelle $< \pi$.

Unsere bisherigen Überlegungen geben uns folgendes Bild vom Verlauf der Funktion $\sin x$ zwischen 0 und π: $\sin x$ nimmt im

Intervall $\left(0 \ldots \frac{\pi}{2}\right)$ vom Werte Null bis zum Werte 1 beständig zu, denn ist $0 \leqq \delta < \delta' \leqq \frac{\pi}{2}$, so

$$\sin\delta' - \sin\delta = \sin\left(\frac{\delta'+\delta}{2} + \frac{\delta'-\delta}{2}\right) - \sin\left(\frac{\delta'+\delta}{2} - \frac{\delta'-\delta}{2}\right)$$
$$= 2\cos\frac{\delta'+\delta}{2}\sin\frac{\delta'-\delta}{2} > 0\,.$$

Nach (3) nimmt dann $\sin x$ im Intervall $\left(\frac{\pi}{2} \ldots \pi\right)$ beständig ab. Der Verlauf der Sinusfunktion für andere x ergibt sich dann aus (3) und der Periodizität, der der Cosinusfunktion aus § 61 (4).

Bei allen vorausgehenden Überlegungen darf folgendes nicht vergessen werden: Für unseren rein analytischen Standpunkt sind die Funktionen $\sin x$, $\cos x$ durch die Gleichungen (2), (3), (4), (6) des § 61 und die Bedingung der Stetigkeit definiert. Wir haben daraus viele weitere Eigenschaften dieser Funktionen abgeleitet; aber alle diese Ableitungen schweben noch insofern in der Luft, als wir bisher noch nicht bewiesen haben, daß es überhaupt ein Funktionenpaar und zwar nur eines von den in der Definition verlangten Eigenschaften gibt. Diesen Nachweis werden wir im nächsten Paragraphen erbringen; dadurch wird sich zugleich ein Verfahren ergeben, um die Zahl π, deren Existenz durch § 61 (4) gefordert wird, eindeutig mit beliebiger Genauigkeit zu berechnen.

§ 63. Potenzreihenentwicklung für Cosinus und Sinus.

Setzen wir in den Gleichungen § 61 (16) $x = z/m$, so gehen sie über in:

$$1)\quad \begin{cases} \text{a)}\ \dfrac{\cos z}{\cos^m \dfrac{z}{m}} = 1 - \dbinom{m}{2}\operatorname{tg}^2\dfrac{z}{m} + \dbinom{m}{4}\operatorname{tg}^4\dfrac{z}{m} - + - \ldots, \\[2ex] \text{b)}\ \dfrac{\sin z}{\cos^m \dfrac{z}{m}} = m\operatorname{tg}\dfrac{z}{m} - \dbinom{m}{3}\operatorname{tg}^3\dfrac{z}{m} + - + \ldots. \end{cases}$$

(Das Zeichen $\operatorname{tg} x$ ist dabei als definiert anzusehen durch die Gleichung

$$\operatorname{tg} x = \frac{\sin x}{\cos x},$$

desgleichen $\cot x$ durch die Gleichung

$$\cot x = \frac{\cos x}{\sin x}\Big).$$

Man beachte nun, daß für jedes von Null verschiedene z die Gleichung gilt

$$2)\qquad \lim_{m\to\infty} \frac{\operatorname{tg}\frac{z}{m}}{\frac{z}{m}} = 1\,;$$

es ist nämlich allgemeiner

$$\lim_{x\to 0} \frac{\operatorname{tg} x}{x} = \lim_{x\to 0} \frac{\sin x}{x} \lim_{x\to 0} \frac{1}{\cos x} \qquad (\S\ 26)$$

$= 1$ (wegen § 61, (6) mit Benutzung der Stetigkeit der Funktion $\cos x$).

Ferner gilt für jedes z

$$3)\qquad \lim_{m\to\infty} \cos^m \frac{z}{m} = 1\,.$$

Da für $z = 0$ diese Gleichung offenbar richtig ist, dürfen wir beim Beweise z als von Null verschieden annehmen und zur Abkürzung $\sin\frac{z}{m} = \frac{1}{x_m}$ setzen; dann wird $\lim\limits_{m\to\infty} x_m = \infty$ und $\lim\limits_{m\to\infty} \frac{m}{x_m} = z$, also

$$\lim_{m\to\infty} \cos^m \frac{z}{m} = \lim_{m\to\infty} \left[\left(1 - \frac{1}{x_m^2}\right)^{x_m}\right]^{\frac{m}{2x_m}}$$

$$= \left(\lim_{m\to\infty}\left(1 - \frac{1}{x_m^2}\right)^{x_m}\right)^{z/2} \qquad (\S\ 35,\ (15'))$$

$$= 1^{z/2}\ (\S\ 58\ (4'))$$

$$= 1\,.$$

Ist dann die Zahl $\varepsilon > 0$ beliebig gegeben, so gilt von einem gewissen m ab wegen (2), (3) sowohl

$$4)\qquad 1 \geqq \cos^m \frac{z}{m} > 1 - \varepsilon$$

als auch

$$5)\qquad \left|\operatorname{tg}\frac{z}{m}\right| \leqq \left|\frac{2z}{m}\right|.^{1}$$

---

[1] Man könnte die Ungleichung (5) ebensogut mit der rechten Seite $\frac{(1+\alpha)\,|z|}{m}$ ansetzen (wo dann α irgend eine positive Zahl wäre), und entsprechend die Ungleichung (6) mit der rechten Seite $|z|\,(1+\alpha')$, wo $\alpha' > \alpha$. Die oben folgende Ableitung der Sinus- und Cosinusreihe stimmt mit derjenigen der Exponentialreihe auf S. 139/140 dem Gedanken nach vollständig überein; der Unterschied besteht nur in der Einkleidung dieses Gedankens.

z bedeutet in (4), (5), wie auch im folgenden eine beliebige reelle unveränderliche Zahl, die nunmehr auch Null sein darf. Wir dürfen außerdem noch annehmen, m sei so groß gewählt, daß

$$6)\qquad m > 3|z|$$

bleibt.

Dies vorausgesetzt, erhalten wir für den gewählten Wert m und alle größeren folgende Abschätzung des allgemeinen Gliedes der Reihen (1):

$$7)\quad \left\{\begin{aligned} \left|\binom{m}{\nu}\operatorname{tg}^\nu\frac{z}{m}\right| &< \frac{2^\nu|z|^\nu}{m^\nu}\,\frac{m(m+1)\dots(m+(\nu-1))}{\nu!}\\ &= \frac{2^\nu}{\nu!}|z|\left(|z|+\frac{|z|}{m}\right)\left(|z|+\frac{2|z|}{m}\right)\dots\left(|z|+\frac{(\nu-1)|z|}{m}\right)\\ &< \frac{2^\nu}{\nu!}|z|\left(|z|+\frac{1}{3}\right)\left(|z|+\frac{2}{3}\right)\dots\left(|z|+\frac{\nu-1}{3}\right)\\ &= \left(\frac{2}{3}\right)^\nu\frac{3|z|(3|z|+1)(3|z|+2)\dots(3|z|+(\nu-1))}{\nu!}, \end{aligned}\right.$$

d. h. kleiner als das allgemeine Glied der binomischen Reihe für

$$\left(1-\frac{2}{3}\right)^{-3|z|}.$$

Man kann also eine Zahl N so bestimmen, daß für alle $n \geqq N$ und *gleichmäßig für den gewählten Wert m und alle größeren* der Rest r_{n+1} der nach dem Gliede $\pm\binom{m}{n}\operatorname{tg}^n\frac{z}{m}$ abgebrochenen Reihe (1 a) oder (1 b) dem Betrage nach kleiner wird als der dritte Teil einer noch so klein vorgeschriebenen Zahl $\varepsilon > 0$:

$$8)\qquad |r_{n+1}| < \frac{\varepsilon}{3}\,.$$

Im Falle der Reihe (1 a) ist n gerade: $n = 2k$, im Falle der Reihe (1 b) ist n ungerade: $n = 2k+1$. Die beibehaltenen Reihenglieder $\binom{m}{\nu}\operatorname{tg}^\nu\frac{z}{m}$ unterscheiden sich wegen (2), falls nur m groß genug gewählt wurde, beliebig wenig von

$$\frac{m(m-1)\dots(m-\nu+1)}{\nu!}\left(\frac{z}{m}\right)^\nu = \frac{\left(1-\frac{1}{m}\right)\left(1-\frac{2}{m}\right)\dots\left(1-\frac{\nu-1}{m}\right)}{\nu!}z^\nu,$$

mithin auch beliebig wenig von $\frac{z^\nu}{\nu!}$. Wir dürfen also, nachdem für n irgendeine Zahl $\geqq N$ gewählt wurde, voraussetzen, daß für alle $\nu < n$

$$9)\qquad \left|\binom{m}{\nu}\operatorname{tg}^\nu\frac{z}{m}-\frac{z^\nu}{\nu!}\right| < \frac{\varepsilon}{3n}$$

ist. Endlich dürfen wir wegen (3) noch annehmen, daß für den nämlichen Wert von m

$$10)\qquad \left|\cos z - \frac{\cos z}{\cos^m \frac{z}{m}}\right| < \frac{\varepsilon}{3}, \qquad \left|\sin z - \frac{\sin z}{\cos^m \frac{z}{m}}\right| < \frac{\varepsilon}{3}$$

ist.

Die Abschätzungen (8), (9), (10) zusammen besagen im Verein mit (1)

$$11)\qquad \left|\cos z - \left(1 - \frac{z^2}{2!} + \frac{z^4}{4!} - + \ldots + (-1)^\nu \frac{z^{2\nu}}{(2\nu)!}\right)\right| < \varepsilon, \text{ falls } 2\nu \geqq N^1,$$

$$12)\qquad \left|\sin z - \left(1 - \frac{z^3}{3!} + \frac{z^5}{5!} - + \ldots + (-1)^\nu \frac{z^{2\nu+1}}{(2\nu+1)!}\right)\right| < \varepsilon, \quad \text{falls } 2\nu + 1 \geqq N$$

oder anders ausgedrückt: Es gelten für jede reelle Zahl z die Entwicklungen

$$13)\qquad \cos z = 1 - \frac{z^2}{2!} + \frac{z^4}{4!} - \frac{z^6}{6!} + \frac{z^8}{8!} - + \ldots$$

$$14)\qquad \sin z = \frac{z}{1} - \frac{z^3}{3!} + \frac{z^5}{5!} - \frac{z^7}{7!} + \frac{z^9}{9!} - + \ldots$$

Man vergesse nicht: wir haben damit immer noch nicht analytisch bewiesen, daß es ein Funktionenpaar gibt, das den vier Bedingungen (2), (3), (4), (6) von § 61 genügt; sondern wir haben nur bewiesen: wenn es ein solches Paar stetiger Funktionen gibt, so gibt es nur eines, nämlich das durch die beiden für alle z konvergenten Reihen (13), (14) dargestellte. Wir könnten uns nun zwar darauf berufen, daß die in der Elementargeometrie definierten Funktionen $\sin z$, $\cos z$ jene vier Eigenschaften besitzen, also mit den ebenso genannten durch die Potenzreihen (13), (14) dargestellten Funktionen übereinstimmen müssen (bei der getroffenen Verfügung über die Einheit des Winkels). Doch wollen wir den zu Anfang des 61. Paragraphen eingenommenen analytischen Standpunkt beibehalten und ohne Bezugnahme auf die Elementargeometrie zeigen, daß die beiden Reihen (13), (14) tatsächlich alle Eigenschaften besitzen, auf die wir die analytische Definition der Funktionen $\sin z$, $\cos z$ gegründet haben. Daß diese Reihen stetige Funktionen darstellen, wurde schon in § 54 bewiesen; und daß die Gleichungen $\cos 0 = 1$, $\sin 0 = 0$ $\lim\limits_{x \to 0} \frac{\sin x}{x} = 1$ erfüllt sind, ist von vornherein klar. Es handelt sich also nur noch darum, zu zeigen, daß die Reihen (13), (14) den Funktionalgleichungen

$$15)\qquad \sin(x + y) = \sin x \cos y + \cos x \sin y$$

[1] Es ergeben sich nämlich 3 Fehler, jeder absolut $< \varepsilon/3$, wenn man erstens $\cos z$ durch die Reihe (1a) ersetzt, zweitens diese auf ihre ersten n-Glieder beschränkt, drittens diese Glieder durch $\pm z^\nu/\nu!$ ersetzt.

und

16)
$$\sin\left(\frac{\pi}{2} - x\right) = \cos x$$

bei passender Bestimmung der Konstanten $\frac{\pi}{2}$ genügen.

Setzt man in (14) $z = x + y$, so erhält man

$$\sin(x+y) = \frac{x+y}{1} - \frac{x^3 + 3x^2y + 3xy^2 + y^3}{3!}$$
$$+ \frac{x^5 + 5x^4y + 10x^3y^2 + 10x^2y^3 + 5x^4y + y^5}{5!} - + \cdots$$

Da diese Reihe für alle x, y konvergent bleibt, wenn man alle $-$ Zeichen durch $+$ Zeichen ersetzt, so kann man den CAUCHYschen Doppelreihensatz anwenden und findet

$$\sin(x+y) = \left(\frac{x}{1} - \frac{x^3}{3!} + \frac{x^5}{5!} - + \cdots\right)\left(1 - \frac{y^2}{2!} + \frac{y^4}{4!} - \frac{y^6}{6!} + - \cdots\right)$$
$$+ \left(1 - \frac{x^2}{2!} + \frac{x^4}{4!} - + \cdots\right)\left(\frac{y}{1} - \frac{y^3}{3!} + \frac{y^5}{5!} - + \cdots\right),$$

d. h. Gleichung (15).

Um auch (16) zu beweisen, genügt es, zu zeigen, daß die Funktion $\cos x$ mindestens eine positive Nullstelle besitzt; denn ist $\frac{\pi}{2}$ eine solche und zwar die kleinste, so schließt man wie auf S. 151, daß π die kleinste positive Nullstelle der Funktion $\sin x$ ist, daß also $\sin\frac{\pi}{2}$ positiv und daher nach § 61, (8) gleich $+1$ ist; dann findet man aus (15)

$$\sin\left(\frac{\pi}{2} + y\right) = \cos y,$$

also (16), wenn $y = -x$ gesetzt wird. Nun ist aber die Cosinusreihe

17)
$$\left(1 - \frac{z^2}{2}\right) + \frac{z^4}{4!}\left(1 - \frac{z^2}{5\cdot 6}\right) + \frac{z^8}{8!}\left(1 - \frac{z^2}{9\cdot 10}\right) + \cdots$$

für $0 \leqq z \leqq \sqrt{2}$ positiv; dagegen für $z = 2$ negativ, wie folgende Form der Reihe zeigt:

18)
$$\cos z = \left(1 - \frac{z^2}{2} + \frac{z^4}{24}\right) - \frac{z^6}{6!}\left(1 - \frac{z^2}{7\cdot 8}\right) - \frac{z^{10}}{10!}\left(1 - \frac{z^2}{11\cdot 12}\right) - \cdots$$

$\cos z$ besitzt somit eine positive (kleinste) Nullstelle zwischen $\sqrt{2}$ und 2 (§ 52). Bezeichnen wir sie wieder mit $\frac{\pi}{2}$, so finden wir also $2{,}28 < \pi < 4$, und es ist leicht, diese Grenzen zu verengen; indem man z. B. den beiden Darstellungen (17), (18) mit Benutzung jedesmal der beiden ersten Klammern entnimmt, daß $\cos 1{,}55 > 0$, $\cos 1{,}575 < 0$ ist, findet man

$$3{,}1 < \pi < 3{,}15\,.$$

§ 64. Konvergenz unendlicher Produkte.

Wie wir in § 38 jeden Grenzprozeß in die Form einer „unendlichen Reihe“ gebracht haben, so können wir auch jedem Grenzwert $\alpha = \lim\limits_{n \to \infty} a_n$, abgesehen von unwesentlichen Ausnahmen, die Form eines *„unendlichen Produkts“* $\alpha = a_0 \frac{a_1}{a_0} \cdot \frac{a_2}{a_1} \cdot \frac{a_3}{a_2} \ldots$ geben, indem wir für den Quotienten zweier aufeinanderfolgender Näherungswerte ein besonderes Zeichen einführen; es darf nur keine der Zahlen $a_0, a_1, a_2, \ldots$ gleich Null sein. Wir bezeichnen das Produkt

$$u_0 \, u_1 \, u_2 \ldots u_n$$

durch:

1) $$U_n = \prod_{k=0}^{n} u_k .$$

Wenn dann

$$\lim_{n \to \infty} U_n = U$$

existiert, so könnte man sagen: das unendliche Produkt

$$\prod_{k=0}^{\infty} u_k$$

konvergiert und U ist sein Wert. Es erweist sich jedoch als zweckmäßig, hier einen Fall noch auszuschließen. Für diejenigen unendlichen Produkte nämlich, für die $U = 0$ ist, gelten verschiedene Sätze nicht, die für alle andern gelten, für die U existiert; um nun jene nicht jedesmal besonders ausnehmen zu müssen, schließt man sie ein für allemal aus, indem man definiert:

I. *Das unendliche Produkt:*

2) $$\prod_{k=0}^{\infty} u_k$$

heißt konvergent, wenn der Grenzwert

3) $$\lim_{n \to \infty} \Big(\prod_{k=0}^{n} u_k\Big) = U$$

existiert und von Null verschieden ist.

Wir schließen somit nicht nur aus, daß U durch das Verschwinden eines Faktors u_n zu Null wird, sondern auch, daß $\lim\limits_{n \to \infty} u_0 \, u_1 \, u_2 \ldots u_n = 0$ wird, ohne daß einer der Faktoren u_n selbst gleich Null wäre $\left(\text{z. B. } u_0 = u_1 = u_2 = \ldots = \frac{1}{2}\right)$.

Wenn diese Bedingung erfüllt ist, existiert nach § 37 (15) auch der Grenzwert

4) $$\lim_{n\to\infty}\left(\ln \prod_{k=0}^{n} u_k\right) = \lim_{n\to\infty}\left(\sum_{k=0}^{n}(\ln u_k)\right);$$

und ist gleich $\ln U$; m. a. W. die unendliche Reihe

5) $$\sum_{k=0}^{\infty} \ln u_k$$

konvergiert gegen $\ln U$. Umgekehrt, wenn die Reihe (5) konvergiert und ihre Summe gleich z ist, existiert auch der Grenzwert

$$\lim_{n\to\infty}\left(e^{\ln U_n}\right) = \lim_{n\to\infty} U_n$$

und ist gleich e^z, also von Null verschieden. Wir können daher sagen:

II. *Das Produkt* (2) *konvergiert und divergiert gleichzeitig mit der Reihe* (5).

Eine notwendige Konvergenzbedingung ist also $\lim\limits_{n\to\infty} \ln u_n = 0$, d. h.

$$\lim_{n\to\infty} u_n = 1;$$

die notwendige und hinreichende Konvergenzbedingung aber kann nach § 38 so geschrieben werden:

$$\lim_{n\to\infty}(\ln u_n + \ln u_{n+1} + \ldots + \ln u_{n+p}) = 0$$

gleichmäßig für alle $p = 0, 1, 2, \ldots$ oder auch so:

$$\lim_{n\to\infty} u_n \cdot u_{n+1} \cdot u_{n+2} \ldots u_{n+p} = 1$$

gleichmäßig für $p = 0, 1, 2, \ldots$

Setzen wir nun allgemein:

6) $$u_k = 1 + a_k,$$

so erhalten wir aus der Ungleichung (13) von § 37 für alle hinlänglich kleinen a_k:

7) $$|\ln u_k| < c_1 |a_k|.$$

Wenn also die Reihe

8) $$\sum a_k$$

absolut konvergiert, so konvergiert nach § 41 auch die Reihe (5) und folglich auch das Produkt (2); so daß wir den Satz gewonnen haben:

III. *Wenn die unendliche Reihe* Σa_k *absolut konvergiert, so konvergiert auch das unendliche Produkt*

9) $$\prod (1 + a_k).$$

Umgekehrt kann aus der Ungleichung (14) von § 37 abgeleitet werden:

IV. *Wenn das unendliche Produkt*

10) $$\prod(1 + |a_k|)$$

konvergiert, konvergiert auch die Reihe

11) $$\sum a_k .$$

Aus diesen beiden Sätzen und aus den Sätzen über die Umordnung der Glieder einer Reihe (§ 43, I) ergibt sich noch:

V. *Die Glieder eines unendlichen Produkts* $\prod(1 + a_k)$ *dürfen beliebig umgeordnet werden, wenn auch das Produkt* $\prod(1 + |a_k|)$ *konvergiert.*

Man nennt daher ein solches Produkt unbedingt konvergent.

§ 65. Unendliche Produkte für Cosinus und Sinus.

Setzen wir $\operatorname{tg} x = u$, so ist nach § 63 (1b) $\sin m x / \cos^m x$, wenn m eine ungerade Zahl ist, eine rationale ganze Funktion m^{ten} Grades von u. Die Nullpunkte dieser Funktion können wir sofort angeben. $\sin m x$ wird nämlich gleich Null, wenn $m x$ gleich einem ganzzahligen Vielfachen von π wird; also für $u = \operatorname{tg}(k\pi/m)$, wo k irgendeine ganze Zahl bedeuten kann. In dem hier betrachteten Falle eines ungeraden m sind die folgenden dieser Werte voneinander verschieden:

$$0, \quad \pm \operatorname{tg}\frac{\pi}{m}, \quad \pm \operatorname{tg}\frac{2\pi}{m}, \quad \ldots \quad \pm \operatorname{tg}\frac{m-1}{2}\frac{\pi}{m},$$

und jeder andere Wert $\operatorname{tg}(k\pi/m)$, k ganzzahlig, stimmt mit einem von diesem überein (wegen der Periodizität der Funktion $\operatorname{tg} x$). Es besteht also nach § 47 eine Gleichung von der Form:

1) $$\frac{\sin m x}{\cos^m x} = C u \left(u^2 - \operatorname{tg}^2\frac{\pi}{m}\right)\left(u^2 - \operatorname{tg}^2\frac{2\pi}{m}\right)\cdots\left(u^2 - \operatorname{tg}^2\frac{m-1}{2}\frac{\pi}{m}\right),$$

in der C einen konstanten Faktor bedeutet. Um ihn zu bestimmen, könnten wir, da die Gleichung ihrer Ableitung nach für alle Werte von x besteht, dem x irgendeinen speziellen Wert beilegen; wir gelangen einfacher zum Ziel, wenn wir beiderseits mit u dividieren und dann zur Grenze $u \to 0$, oder, was dasselbe ist, $x \to 0$ übergehen. Wir erhalten links

$$\lim_{x\to 0}\frac{\sin m x}{\operatorname{tg} x} = m \lim_{x\to 0}\frac{\sin m x}{m x}\cdot\lim_{x\to 0}\frac{x}{\sin x}\cdot\lim_{x\to 0}\cos x = m,$$

rechts:

$$C\left(-\operatorname{tg}^2\frac{\pi}{m}\right)\left(-\operatorname{tg}^2\frac{2\pi}{m}\right)\cdots\left(-\operatorname{tg}^2\frac{m-1}{2}\frac{\pi}{m}\right).$$

Setzt man den hieraus sich ergebenden Wert von C in die Gleichung (1) ein, so nimmt sie die Form an:

$$\frac{\sin m x}{\cos^m x} = m u \left(1 - \frac{u^2}{\operatorname{tg}^2 \frac{\pi}{m}}\right)\left(1 - \frac{u^2}{\operatorname{tg}^2 \frac{2\pi}{m}}\right)\cdots\left(1 - \frac{u^2}{\operatorname{tg}^2 \frac{m-1}{2}\frac{\pi}{m}}\right)$$

oder, wenn wir $x = z/m$ setzen:

$$2)\qquad \frac{\sin z}{\cos^m \frac{z}{m}} = m \operatorname{tg}\frac{z}{m} \prod_{k=1}^{\frac{m-1}{2}} \left(1 - \frac{\operatorname{tg}^2 \frac{z}{m}}{\operatorname{tg}^2 \frac{k\pi}{m}}\right).$$

Lassen wir hier m über alle Grenzen wachsen, so konvergiert $\cos^m z/m$ gegen 1 (§ 63, 3), $m \operatorname{tg} z/m$ gegen z (§ 63, 2) und $m \operatorname{tg}\frac{k\pi}{m}$ für ein festes von m unabhängiges k gegen $k\pi$. Daher ist, wenn n eine feste vom m unabhängige Zahl bedeutet

$$3)\qquad \prod_{k=1}^{n}\left(1 - \frac{\operatorname{tg}^2 \frac{z}{m}}{\operatorname{tg}^2 \frac{k\pi}{m}}\right) \text{ beliebig wenig von } \prod_{k=1}^{n}\left(1 - \frac{z^2}{k^2\pi^2}\right)$$

verschieden, falls nur m hinreichend groß ist, und es liegt die Vermutung nahe, daß die Formel gelten werde:

$$4)\qquad \sin z = z \prod_{k=1}^{\infty}\left(1 - \frac{z^2}{k^2\pi^2}\right).$$

Doch bedarf diese Frage noch genauerer Untersuchung; denn unter den Werten von k auf der rechten Seite von (2) sind auch solche, die mit m zugleich über alle Grenzen wachsen $\left(\text{z. B. } \frac{m-1}{2}\right)$. Für solche Werte aber dürfen wir nicht ohne weiteres $m \operatorname{tg}(k\pi/m)$ durch $k\pi$ ersetzen; eine solche Ersetzung wird vielmehr im einzelnen Gliede des Produkts geradezu ein falsches Resultat geben, und nur dann gestattet sein, wenn diese sehr weit entfernten Glieder überhaupt einen sehr geringen Einfluß auf den Wert des unendlichen Produkts haben. Um zu untersuchen, ob das wirklich der Fall ist — genauer gesagt, um zu untersuchen, ob der entstehende Fehler dadurch unter jede vorgeschriebene Genauigkeitsgrenze herabgedrückt werden kann, daß man m hinlänglich groß nimmt — verfahren wir folgendermaßen:

Zunächst entnehmen wir aus § 40, daß die Reihe Σk^{-2} absolut konvergiert; das berechtigt uns nach § 64, III zu dem Schlusse, daß auch das Produkt auf der rechten Seite von (4) für einen ganz beliebigen im folgenden als konstant festgehaltenen Wert von z unbedingt konvergiert, außer für $z = \pm k\pi$ $(k = 0, 1, 2, \ldots)$ wegen der im vorigen Paragraphen getroffenen Festsetzung; für diese z-Werte bedarf aber Gleichung (4) ohnehin keines Beweises. Wir bezeichnen den Wert des Produktes (4) mit A, den des endlichen Produkts auf der rechten Seite der Gleichung (2) mit A_m. Ferner bezeichnen wir mit L irgend eine Zahl $> |z|$:

5) $$L > |z|$$

und mit D den Wert des konvergenten unendlichen Produkts:

6) $$D = \prod_{k=1}^{\infty} \left(1 + \frac{L^2}{k^2 \pi^2}\right).$$

Nun sei η irgendeine (beliebig kleine) positive Zahl. Wegen der Konvergenz des Produktes (6) können wir dann eine Zahl n so bestimmen, daß für alle positiven Werte von p die Ungleichung besteht:

7) $$0 < \prod_{k=n}^{n+p} \left(1 + \frac{z^2}{k^2 \pi^2}\right) - 1 < \eta$$

und um so mehr die Ungleichung

8) $$\left| \prod_{k=n}^{n+p} \left(1 - \frac{z^2}{k^2 \pi^2}\right) - 1 \right| < \eta .$$

Ferner ist nach § 63 (2):

9) $$\lim_{m \to \infty} \left(m \operatorname{tg} \frac{z}{m}\right) = z ,$$

also wegen (5) von einem gewissen m ab, etwa für alle $m > M$:

10) $$\left| m \operatorname{tg} \frac{z}{m} \right| < L .$$

Andererseits ist für $0 < x < \frac{\pi}{2}$: $\operatorname{tg} x > x$ (s. Fig. S. 148), mithin für $k < m$:

11) $$m^2 \operatorname{tg}^2 \frac{k\pi}{m} > k^2 \pi^2 ,$$

also ist für alle m, die zugleich größer als M und als $2n' + 1$ sind:

12) $$\left| \prod_{k=n}^{\frac{m-1}{2}} \left(1 - \frac{m^2 \operatorname{tg}^2 \frac{z}{m}}{m^2 \operatorname{tg}^2 \frac{k\pi}{m}}\right) - 1 \right| < \left| \prod_{k=n}^{\frac{m-1}{2}} \left(1 + \frac{L^2}{k^2 \pi^2}\right) - 1 \right| < \eta .$$

Wir setzen nun:

13) $$A = A' A'' , \qquad A_m = A'_m A''_m ,$$

indem wir unter A' und A'_m das Produkt der $n-1$ ersten Faktoren von A und A_m, unter A'' und A''_m das Produkt aller übrigen verstehen; schreiben wir dann noch:

14) $$A'' = 1 + \eta_\infty, \qquad A''_m = 1 + \eta_m,$$

so ist nach (8) und (12):

15) $$|\eta_\infty| \leqq \eta, \qquad |\eta_m| < \eta,$$

also:

$$|A - A_m| = |A' + A'\eta_\infty - A'_m - A'_m\eta_m| < |A' - A'_m| + \eta|A'| + \eta|A_m|$$

oder, da A und A'_m jedenfalls absolut kleiner als D sind:

16) $$|A - A_m| < |A' - A'_m| + 2\eta D.$$

Nun ist bei gegebenem n nach (3),

$$\lim_{m \to \infty} A'_m = A',$$

also kann man m so groß wählen, daß

$$|A' - A'_m| < \eta$$

wird. Dann wird schließlich

17) $$|A - A_m| < \eta(1 + 2D)$$

und da hier η beliebig klein gewählt werden kann, falls nur m hinreichend groß ist, so folgt die Gleichung

18) $$\lim_{m \to \infty} A_m = A,$$

w. b. z. w.

Auf demselben Wege findet man:

19) $$\cos z = \prod_{k=1}^{\infty}\left(1 - \frac{4z^2}{(2k-1)^2\pi^2}\right).$$

Durch die Formeln (4) und (19) sind die Funktionen $\cos z$ und $\sin z$, deren jede für unendlich viele Werte des Arguments Null wird, dargestellt als Produkte von Faktoren, deren jeder nur für zwei von diesen Werten Null wird. Man kann natürlich jeden dieser Faktoren noch einmal in zwei Faktoren zerlegen, deren jeder nur einmal Null wird, z. B.:

$$1 - \frac{z^2}{k^2\pi^2} = \left(1 + \frac{z}{k\pi}\right)\left(1 - \frac{z}{k\pi}\right).$$

§ 66. Zerlegung der Funktionen Tangens und Cotangens in Partialbrüche.

Wir nehmen noch von beiden Seiten der Gleichung (4) von § 65 die Logarithmen; dabei beschränken wir z und nachher auch $z + h$ auf das Innere des Intervalls $(0 \ldots \pi)$, damit wir nicht mit Logarithmen negativer Faktoren zu tun bekommen. Es sei also etwa

$$\delta < z < \pi - \delta,$$

wo δ irgendeine positive Zahl < 1 bedeuten möge. Wir erhalten

$$1)\qquad \ln \frac{\sin z}{z} = z + \prod_{k=1}^{\infty} \ln\left(1 - \frac{z^2}{k^2\pi^2}\right).$$

Schreiben wir dieselbe Gleichung für das Argument $z + h$ an und subtrahieren, so erhalten wir weiter:

$$2)\qquad \ln\left(\frac{\sin(z+h)}{\sin z} \cdot \frac{z}{z+h}\right) = \sum_{k=1}^{\infty} \ln\left(1 - \frac{2zh + h^2}{k^2\pi^2 - z^2}\right).$$

In dieser Gleichung entwickeln wir beide Seiten nach Potenzen von h. Links erhalten wir zunächst

$$3)\qquad \frac{\sin(z+h)}{\sin z} = \cos h + \sin h \cot z = (1 + h\cot z + (h^2));$$

dabei bedeutet hier und weiterhin (h^3) irgendeine (nicht notwendig jedesmal dieselbe) nach Potenzen von h fortschreitende Reihe, die für alle in Betracht kommenden Werte von h absolut konvergiert und keine Glieder mit h^0 oder h^1 enthält.

Weiter ergibt sich für $\frac{z}{z+h}$ die für $|h| < z$ absolut konvergente Reihe:

$$4)\qquad \frac{z}{z+h} = 1 - \frac{h}{z} + \left(\frac{h}{z}\right)^2 - + \cdots$$

und durch Multiplikation der Reihen (3) und (4) nach § 54:

$$\frac{\sin(z+h)}{\sin z} \cdot \frac{z}{z+h} = 1 + h\left(\cot z - \frac{1}{z}\right) + (h^2), \qquad (|h| < |z|),$$

endlich auf Grund des Satzes I, den wir im übernächsten Paragraphen beweisen werden:

$$5)\qquad \ln\left(\frac{\sin z + h}{\sin z} \cdot \frac{z}{z+h}\right) = h\left(\cot z - \frac{1}{z}\right) + (h^2).$$

Auf der rechten Seite von (2) bekommen wir

$$6)\quad \ln\left(1 - \frac{2zh + h^2}{k^2\pi^2 - z^2}\right) = -\frac{2zh + h^2}{k^2\pi^2 - z^2} - \frac{1}{2}\left(\frac{2zh + h^2}{k^2\pi^2 - z^2}\right)^2 - \frac{1}{3}\left(\frac{2zh + h^2}{k^2\pi^2 - z^2}\right)^3 - \ldots$$

und zwar konvergieren alle diese zu den Werten $k = 1, 2, 3 \ldots$ gehörigen Reihen, falls

$$7) \qquad |h| < \frac{\delta^2}{2\pi + 1}$$

ist, denn dann ist

$$\frac{2 z h + h^2}{k^2 \pi^2 - z^2} < \frac{\frac{2\pi\delta^2}{2\pi + 1} + \frac{\delta^2}{(2\pi + 1)^2}}{\delta^2}$$

$$< 1 .$$

Man kann daher auf Grund des CAUCHYschen Doppelreihensatzes die auf der rechten Seite von (6) stehende Reihe in eine nach Potenzen von h fortschreitende Reihe $\mathfrak{P}_k(h)$ umordnen ($k = 1, 2, 3, \ldots$). Da diese Reihen $\mathfrak{P}_k(h)$ lauter gleichbezeichnete Koeffizienten haben und da die unendliche Reihe $\sum\limits_{k=1}^{\infty} \mathfrak{P}_k(h)$ für $|h| < \frac{\delta^2}{2\pi + 1}$ nach der linken Seite der Gleichung (2) konvergiert schließt man mit abermaliger Anwendung des CAUCHYschen Doppelreihensatzes, daß man $\sum\limits_{k=1}^{\infty} \mathfrak{P}_k(h)$ nach Potenzen von h ordnen darf; man findet so

$$8) \qquad \ln\left(\frac{\sin(z + h)}{\sin z} \cdot \frac{z}{z + h}\right) = - h \sum_{k=1}^{\infty} \frac{2 z}{k^2 \pi^2 - z^2} + (h^2).$$

Wenn wir also in den beiden Entwicklungen (5) und (8) die Glieder mit h vergleichen, so finden wir:

$$9) \qquad \cot z = \frac{1}{z} - \sum_{k=1}^{\infty} \frac{2 z}{k^2 \pi^2 - z^2}$$

oder

$$10) \quad = \lim_{n \to \infty}\left(\frac{1}{z} + \frac{1}{z - \pi} + \frac{1}{z + \pi} + \frac{1}{z - 2\pi} + \frac{1}{z + 2\pi} \cdots + \frac{1}{z - n\pi} + \frac{1}{z + n\pi}\right)$$

$$11) \quad = \lim_{n \to \infty} \sum_{k=-n}^{n} \frac{1}{z + k\pi} .$$

Diese Gleichung gilt ihrer Herleitung nach zunächst nur für Werte von z zwischen Null und π, da nur unter dieser Bedingung alle Faktoren, von denen wir Logarithmen zu nehmen hatten, positiv waren. Wir können sie aber auf jedes andere Intervall von der Form $(k\pi - \pi, k\pi)$, d. h. auf alle von $k\pi$ ($k = 0, \pm 1, \pm 2, \pm 3, \ldots$) verschiedenen Werte von z ausdehnen, wenn wir beachten, daß der auf der rechten Seite von (11) stehende Grenzwert sich ebenso wie die linke Seite nicht ändert, wenn man z durch $z \pm \pi$ ersetzt.

Aber auch für die ausgeschlossenen Werte $z = k\pi$ kann man der Gleichung (9), (10), (11) eine Bedeutung abgewinnen. Sie sagt nämlich zunächst aus, daß für diese Werte die beiden Seiten unendlich groß werden (in dem § 50 definierten Sinne dieses Wortes); sie gibt aber darüber hinaus auch noch über die „Art“ dieses Unendlichwerdens Aufschluß. Z. B. für $z = 0$ wird $\cot z$ „ebenso unendlich wie $1/z$“; d. h. die Differenz zwischen diesen beiden Funktionen bleibt endlich und nähert sich einer bestimmten Grenze — nämlich der Null — wenn sich z der Null unbegrenzt nähert.

In derselben Weise erhält man aus der Gleichung (19) von § 65 für jeden Wert von z, der nicht genau gleich einem ungeraden Vielfachen von $\pi/2$ ist, die Entwicklung:

12) $$\operatorname{tg} z = \sum_{k=1}^{\infty} \frac{8z}{(2k-1)^2\pi^2 - 4z^2},$$

13) $$= \lim_{n\to\infty} \sum_{k=-n}^{n} \frac{2}{(2k+1)\pi - 2z}.$$

Die Formeln (11) und (13) stellen die beiden Funktionen Cotangens und Tangens, deren jede an unendlich vielen Stellen unendlich groß wird, dar als Reihen von Funktionen — Partialbrüchen — deren jede nur an einer Stelle unendlich groß wird.

Bringen wir in der Gleichung (9) das Glied $1/z$ auf die linke Seite und entwickeln dann beide Seiten nach Potenzen von z, so erhalten wir links

$$z\cos z - \sin z = -\frac{z^3}{3} + \frac{z^5}{30} - \frac{z^7}{840} + \cdots$$

$$\frac{1}{z\sin z} = \frac{1}{z^2}\left\{1 + \frac{z^2}{6} + \frac{7z^4}{360} + \cdots\right\} \quad (\S\ 67),$$

also:

14) $$\frac{z\cos z - \sin z}{z\sin z} = -\frac{z}{3} - \frac{z^3}{45} - \frac{2z^5}{945} - \cdots \quad (\S\ 54)$$

rechts mit Benutzung des Cauchyschen Doppelreihensatzes für $|z| < \pi$:

$$-2z\sum_{k=1}^{\infty}\frac{1}{k^2\pi^2}\cdot\left(1 - \frac{z^2}{k^2\pi^2}\right)^{-1} = \frac{-2z}{\pi^2}\sum\frac{1}{k^2} - \frac{2z^3}{\pi^4}\sum\frac{1}{k^4}$$
$$-\frac{2z^5}{\pi^6}\sum\frac{1}{k^6} - \cdots,$$

also durch Koeffizientenvergleichung:

15) $$\sum\frac{1}{k^2} = \frac{\pi^2}{6}, \quad \sum\frac{1}{k^4} = \frac{\pi^4}{90}, \quad \sum\frac{1}{k^6} = \frac{\pi^6}{945}, \ldots$$

ZEHNTER ABSCHNITT.

Allgemeine Sätze über Potenzreihen.

§ 67. Division durch eine Potenzreihe.

Daß man Summe, Differenz und Produkt zweier Potenzreihen wieder durch Potenzreihen darstellen kann, haben wir schon gesehen (§ 54). Um ein gleiches auch für den Quotienten zu beweisen, bedürfen wir des folgenden Hilfssatzes:

I. *Wenn eine Potenzreihe nicht nur für $x = 0$ konvergiert, kann man stets eine positive Zahl r von der Art finden, daß das erste von Null verschiedene Glied der Reihe die Summe aller folgenden überwiegt, solange*

1) $$|x| < r \quad \textit{und} \quad > 0$$

ist.

Ist nämlich etwa, um gleich den allgemeinen Fall ins Auge zu fassen, a_m der erste von Null verschiedene Koeffizient in der Reihe, so kann man sie auf die Form bringen:

2) $$f(x) = a_m x^m \left(1 + x\,\varphi(x)\right),$$

wo

$$\varphi(x) = \frac{a_{m+1}}{a_m} + \frac{a_{m+2}}{a_m} x + \frac{a_{m+3}}{a_m} x^2 + \dots$$

eine Potenzreihe ist, die für dieselben Werte von x konvergiert, wie die vorgelegte. Konvergiert sie aber für irgendeinen von Null verschiedenen Wert, so konvergiert sie nach § 54 für jeden absolut kleineren Wert absolut. Konvergiert sie für irgendeinen (positiven) Wert $x = R$ absolut, so ist ihre Summe für diesen und für alle absolut kleineren Werte von x dem Betrage nach nicht größer als die durch die Gleichung

3) $$\left|\frac{a_{m+1}}{a_m}\right| + \left|\frac{a_{m+2}}{a_m}\right| R + \left|\frac{a_{m+3}}{a_m}\right| R^2 + \dots = M$$

definierte Zahl M. Ist dann r kleiner als jede der beiden Zahlen R und M^{-1}, so ist für $0 < |x| < r$:

$$|x\,\varphi(x)| < r M < 1,$$

also:

4) $$|f(x) - a_m x^m| < |a_m x^m|,$$

w. z. b. w. Ausdrücklich sei hinzugefügt: Durch diese Schlüsse ist nicht nur die Existenz einer solchen Zahl r bewiesen, sondern auch die Möglichkeit gegeben, eine solche zu berechnen, sobald man imstande ist anzugeben, wie viele Glieder der Reihe (3) ausreichen, um M mit verlangter Genauigkeit zu berechnen.

Die so gefundene Zahl r braucht keineswegs die äußerste Grenze zu sein, bis zu welcher der Satz gilt; aber diese äußerste Grenze brauchen wir häufig gar nicht zu kennen.

Für unseren nächsten Zweck reicht der Hilfssatz I aus; wir wollen aber an ihn gleich einen andern anschließen, der sich aus ihm ergibt und der an und für sich von Interesse ist, nämlich:

II. *Ist r wie im Hilfssatz I bestimmt, so hat die Gleichung:*

$$f(x) \equiv a_0 + a_1 x + a_2 x^2 + \ldots = 0$$

im Intervalle $(-r \ldots r)$ überhaupt keine Wurzel, wenn $a_0 \neq 0$ ist; und keine andere Wurzel als $x = 0$, wenn $a_0 = 0$ ist.

Denn da in diesem Intervalle $x\varphi(x)$ absolut kleiner als 1 ist, kann es nicht gleich -1 werden; und ein Produkt kann nicht Null werden, wenn nicht einer seiner Faktoren Null wird.

Es sei nun $a_0 \neq 0$ und $f(x) = a_0(1 + x\varphi(x))$. Entwickelt man dann den Faktor $(1 + x\varphi(x))^{-1}$ in die binomische Reihe:

$$1 - x\varphi + x^2\varphi^2 - x^3\varphi^3 + - + \ldots,$$

so wird diese Reihe für alle $|x| < r$ konvergieren, da nach I für alle solchen Werte $|x\varphi(x)| < 1$ ist. Die Potenzen von φ kann man nach § 54 ausmultiplizieren und nach Potenzen von x umordnen; und zwar bleiben die entstehenden Reihen auch dann noch konvergent, wenn man alle einzelnen Glieder durch ihre absoluten Beträge ersetzt. Infolgedessen kann man nach dem Cauchyschen Doppelreihensatze schließlich die ganze so entstehende Doppelreihe nach Potenzen von x umordnen; multipliziert man dann noch mit a_0^{-1}, so erhält man die Potenzentwicklung von $1/f(x)$. Also gilt der Satz:

III. *Ist in der Entwicklung der Funktion $f(x)$ nach Potenzen von x das absolute Glied von Null verschieden, so kann man auch den reziproken Wert von $f(x)$ in eine nach Potenzen von x mit positiven ganzzahligen Exponenten fortschreitende Reihe entwickeln, die jedenfalls bis zu der in I bestimmten Grenze r konvergiert.*

Einfache Beispiele, wie $f(x) = e^x$ oder $f(x) = \frac{1}{1+x}$ zeigen übrigens, daß die erhaltene Reihe über diese Grenze hinaus, ja sogar über das Konvergenzintervall der Reihe für $f(x)$ selbst hinaus konvergieren kann.

Wie man eine solche Rechnung zweckmäßig anordnet, wird am besten aus einem Beispiele zu ersehen sein. Nehmen wir $f(x) = \cos x$, so ist nach § 75, (6) $a_0 = 1$, also wenn wir die Rechnung bis zu Gliedern mit x^8 einschließlich durchführen:

$$\begin{aligned}
\frac{1}{\cos x} &= 1 + \frac{x^2}{2} - \frac{x^4}{24} + \frac{x^6}{720} - \frac{x^8}{40320} + \dots \\
&\quad + \left(\frac{x^2}{2} - \frac{x^4}{24} + \frac{x^6}{720} - \dots\right)^2 \\
&\quad + \left(\frac{x^2}{2} - \frac{x^4}{24} + \dots\right)^3 \\
&\quad + \left(\frac{x^2}{2} - \dots\right)^4 + \dots \\
&= 1 + \frac{1}{2}\,x^2 - \left(\frac{1}{24} - \frac{1}{4}\right) x^4 + \left(\frac{1}{720} - \frac{1}{24} + \frac{1}{8}\right) x^6 - \left(\frac{1}{40320} - \frac{1}{576} - \frac{1}{720} + \frac{1}{32} - \frac{1}{16}\right) x^8 + \dots \\
&= 1 + \frac{x^2}{2} + \frac{5\,x^4}{24} + \frac{61\,x^6}{720} + \frac{277\,x^8}{8064} + \dots
\end{aligned}$$

Die *Division einer Potenzreihe durch eine andere* ergibt sich aus dem behandelten speziellen Falle unmittelbar: Man entwickelt zuerst den reziproken Wert des Nenners und multipliziert dann mit dem Zähler nach der Vorschrift von § 54 aus.

Beginnt die Entwicklung von $f(x)$ mit einer höheren Potenz von x als der nullten, so muß man diese Potenz zuerst als Faktor herausziehen. Man erhält dann $1/f(x)$ entwickelt in eine Reihe, die zwar auch wie die bisher betrachteten nach Potenzen von x mit ganzzahligen steigenden Exponenten fortschreitet, die aber abweichend von ihnen auch eine endliche Anzahl von Gliedern mit negativen Exponenten enthält.

§ 68. Entwicklung zusammengesetzter Funktionen. Die Methode der unbestimmten Koeffizienten.

Die nämlichen Überlegungen, durch die wir im vorigen Paragraphen den Satz bewiesen haben, daß der reziproke Wert einer Potenzreihe stets wieder als Potenzreihe geschrieben werden kann, gestatten zugleich einen bedeutend allgemeineren Satz zu beweisen.

I. *Gegeben seien zwei Potenzreihen*

1) $\mathfrak{P}(x) = a_0 + a_1 x + a_2 x^2 + a_3 x^3 + \ldots$ (*konvergent für* $|x| < r,\ r > 0$),

2) $\mathfrak{Q}(y) = b_0 + b_1 y + b_2 y^2 + b_3 y^3 + \ldots$ (*konvergent für* $|y| < s,\ s > 0$),

und es sei

3) $$|a_0| < s.$$ [1]

Dann gibt es eine positive Zahl ϱ *von der Beschaffenheit, daß für alle* x *des Intervalls* $(-\varrho, +\varrho)$ *die Reihe*

$$b_0 + b_1(\mathfrak{P}(x)) + b_2(\mathfrak{P}(x))^2 + b_3(\mathfrak{P}(x))^3 + \ldots$$

konvergiert und in eine nach Potenzen von x *fortschreitende Reihe umgeordnet werden kann.*

Da nämlich durch die Potenzreihe

4) $$\overline{\mathfrak{P}(x)} = |a_0| + |a_1|x + |a_2|x^2 + \ldots$$

eine im Intervall $(-r, r)$ stetige Funktion dargestellt wird, und da $\overline{\mathfrak{P}(0)} < s$ ist, gibt es auch ein Intervall $(-\delta, +\delta)$, in welchem $|\overline{\mathfrak{P}(x)}| < s$ bleibt (§ 51, III). Dann ist in diesem Intervall auch

$$|\mathfrak{P}_\nu(x)| < s^\nu,$$

wenn unter $\mathfrak{P}_\nu(x)$ die Potenzreihe verstanden wird, die aus der Potenzreihe für $(\mathfrak{P}(x))^\nu$ dadurch entsteht, daß man alle Koeffizienten durch ihre absoluten Beträge ersetzt.[2] Die Behauptung des Satzes I ist danach eine einfache Folge des Cauchyschen Doppelreihensatzes.

Soll z. B. $\ln(x + \sqrt{1 + x^2})$ nach Potenzen von x entwickelt werden, so wird man zunächst die Quadratwurzel auf Grund des binomischen Satzes in die Reihe entwickeln (vgl. § 57, (6)):

$$\sqrt{1 + x^2} = 1 + \tfrac{1}{2}x^2 - \tfrac{1}{8}x^4 + \tfrac{1}{16}x^6 + \ldots,$$

dann das Argument des Logarithmus, nämlich $x + \sqrt{1 + x^2}$, gleich $1 + y$ setzen, wo

$$y = \mathfrak{P}(x) = x + \tfrac{1}{2}x^2 - \tfrac{1}{8}x^4 + \tfrac{1}{16}x^6 + \ldots$$

ist, hierauf für $\ln(1 + y)$ die Reihe ansetzen:

5) $$\ln(1 + y) = \mathfrak{Q}(y) = y - \tfrac{1}{2}y^2 + \tfrac{1}{3}y^3 - \tfrac{1}{4}y^4 + \tfrac{1}{5}y^5 - \tfrac{1}{6}y^6 + - \ldots,$$

die einzelnen Potenzen von y auf Grund von § 54 nach Potenzen von x entwickeln:

---

[1] Falls $a_0 = 0$ ist, ist also die Voraussetzung (3) stets erfüllt. In diesem besonderen Fall wurde der obige Satz schon in § 66 benutzt.

[2] Die sich so ergebenden Koeffizientenbeträge sind nämlich kleiner oder zum mindesten nicht größer als die der Potenzreihe für $(\overline{\mathfrak{P}(x)})^\nu$.

$$\begin{cases} y^2 = x^2 + x^3 + \frac{1}{4}x^4 - \frac{1}{4}x^5 - \frac{1}{8}x^6 + \dots \\ y^3 = \phantom{x^2 + {}} x^3 + \frac{3}{2}x^4 + \frac{3}{4}x^5 - \frac{1}{4}x^6 + \dots \\ y^4 = \phantom{x^2 + x^3 + {}} x^4 + 2x^5 + \frac{3}{2}x^6 + \dots \\ y^5 = \phantom{x^2 + x^3 + x^4 + {}} x^5 + \frac{5}{2}x^6 + \dots \\ y^6 = \phantom{x^2 + x^3 + x^4 + x^5 + {}} x^6 + \dots, \end{cases}$$

endlich alle diese Entwicklungen in (5) einsetzen und nach Potenzen von x umordnen:

$$(6)\qquad \ln(x + \sqrt{1 + x^2}) = x - \tfrac{1}{6}x^3 + \tfrac{3}{40}x^5 + (x^7).$$

Die vorhin allgemein mit $\overline{\mathfrak{P}(x)}$ bezeichnete Potenzreihe ist in diesem Beispiel diejenige für

$$x - (1 - x^2)^{\frac{1}{2}} + 1$$

und die positive Zahl δ ist durch die Bedingung bestimmt, daß im Intervalle $(0, \delta)$

$$\delta - (1 - \delta^2)^{\frac{1}{2}} + 1 < 1, \qquad \text{d. h.} \qquad \delta^2 < 1 - \delta^2$$

sein soll. Es ist somit $\delta = \frac{1}{2}\sqrt{2}$ und die Geichung (6) gilt daher sicher für alle x des Intervalls $(-0{,}707, +0{,}707)$; ob sie nicht tatsächlich in einem erheblich größeren Intervalle gilt, darüber geben unsere Überlegungen keine Auskunft. Auf anderem Wege findet man, daß die Reihe auf der rechten Seite von (6) im Intervalle $(-1, +1)$ konvergiert und daselbst die Funktion $\ln(x + \sqrt{1 + x^2})$ darstellt.

Übrigens kann man, wenn die Möglichkeit einer Potenzentwicklung feststeht, sich zu ihrer Durchführung auch der sogenannten „*Methode der unbestimmten Koeffizienten*" bedienen, die auf dem Satze von § 55 beruht, nach dem eine solche Entwicklung, wenn überhaupt, nur auf eine Weise möglich ist. Es wird am besten sein, das Verfahren gleich an einem Beispiele zu erläutern, etwa an der schon in § 67 behandelten Entwicklung von $\sec x = 1/\cos x$. Wir setzen die gesuchte Entwicklung zunächst mit unbestimmten Koeffizienten an, z. B.

$$\sec x = A + Bx^2 + Cx^4 + Dx^6 + \dots$$

(Man sieht mit Hilfe der Identität $\sec(-x) = \sec x$ leicht ein, daß nur Potenzen mit geraden Exponenten auftreten können; übrigens müßte die Rechnung selbst das ergeben, wenn man es nicht sogleich bemerkt hätte.) Diese Entwicklung führen wir in irgendeine Identität ein, in der außer der zu entwickelnden Funktion nur solche

Funktionen vorkommen, deren Entwicklung wir bereits kennen; hier z. B. in die Identität:

$$\sec x \cdot \cos x \equiv 1 .$$

Das gibt:

$$(A + Bx^2 + Cx^4 + Dx^6 + \dots)\left(1 - \frac{x^2}{2} + \frac{x^4}{24} - \frac{x^6}{720} + \dots\right) \equiv 1 ,$$

oder wenn wir nach § 54 ausmultiplizieren:

$$A + (B - \tfrac{1}{2}A)x^2 + (C - \tfrac{1}{2}B + \tfrac{1}{24}A)x^4 + (D + \tfrac{1}{2}C + \tfrac{1}{24}B - \tfrac{1}{720}A)x^6 + \dots \equiv 1 .$$

Diese Gleichung kann nach § 55 nur dann identisch bestehen, wenn die Koeffizienten gleich hoher Potenzen von x beiderseits übereinstimmen, wenn also die folgenden Gleichungen bestehen:

$$A = 1 ,$$
$$B - \tfrac{1}{2}A = 0 ,$$
$$C - \tfrac{1}{2}B + \tfrac{1}{24}A = 0 ,$$
$$D - \tfrac{1}{2}C + \tfrac{1}{24}B - \tfrac{1}{720}A = 0 ,$$
$$\dots\dots\dots\dots$$

Von diesen Gleichungen enthält die erste nur die eine Unbekannte A, die zweite außerdem nur B, die dritte außer diesen beiden nur noch C usw.; man kann sie also der Reihe nach auflösen und findet so:

$$A = 1 , \quad B = \tfrac{1}{2} , \quad C = \tfrac{1}{4} - \tfrac{1}{24} = \tfrac{5}{24} , \quad D = \tfrac{5}{48} - \tfrac{1}{48} + \tfrac{1}{720} = \tfrac{61}{720} ,$$

übereinstimmend mit den in § 67 auf anderem Wege gefundenen Werten dieses Koeffizienten.

Dieses Verfahren ist für die wirkliche Aufstellung einer solchen Entwicklung häufig das bequemste, namentlich wenn man nur einige wenige Entwicklungsglieder zu kennen wünscht. Es gibt aber keinen Aufschluß über das Konvergenzintervall der gesuchten Entwicklung; überhaupt *beweist* es, wie noch einmal betont sei, *die Entwickelbarkeit nicht, sondern setzt sie voraus.*

§ 69. Reihenumkehrung.

Ist y als Funktion von x durch eine Potenzreihe $y = a_0 + a_1 x + a_2 x^2 + \dots$ darstellbar, und ist, wie wir für das Folgende ausdrücklich voraussetzen, der Koeffizient a_1 von Null verschieden, so ist y in einem gewissen Intervall $(-\eta, +\eta)$ eine *monotone* Funktion $f(x)$ (Beweis folgt in § 70). Setzt man also $f(\eta) = a_0 + \vartheta$, $f(-\eta) = a_0 + \vartheta'$ und ist die positive Zahl k sowohl $\leqq |\vartheta|$ als $\leqq |\vartheta'|$, so ist für alle y

zwischen $a_0 - k$ und $a_0 + k$ die Umkehrfunktion $x = \varphi(y)$ von $y = f(x)$ *eindeutig* und *stetig* (§ 52). Wir wollen zeigen, daß wir diese Umkehrfunktion $\varphi(y)$ durch eine nach Potenzen von $y - a_0$ fortschreitende Reihe darstellen können, wenigstens solange $|y - a_0|$ kleiner ist als eine gewisse positive Zahl $k' (\leqq k)$. Zum Beweise bedürfen wir des Hilfssatzes:

I. *Wenn eine Reihe*

1) $$y = a_0 + a_1 x + a_2 x^2 + a_3 x^3 + \dots$$

nicht bloß für $x = 0$ *konvergiert, so kann man stets zwei positive Zahlen* M, α *von der Art finden, daß für alle Werte des Index* n:

2) $$|a_n| < \alpha^{-n} M$$

ist.

Sei nämlich α ein Wert, für den die Reihe konvergiert. Dazu ist notwendig, daß

$$\lim_{n \to \infty} (a_n \alpha^n) = 0 .$$

Man kann also zu jedem ε eine Zahl n so bestimmen, daß:

$$|a_{n+p} \alpha^{n+p}| < \varepsilon$$

wird für jedes positive p. Dann ist nur noch nötig, M so zu wählen, daß es absolut größer ist, als jede der Zahlen

$$a_0, \quad a_1 \alpha, \quad a_2 \alpha^2, \quad \dots, \quad a_n \alpha^n, \quad \varepsilon ;$$

so ist die Ungleichung (2) für jedes n erfüllt.

Man kann den Hilfssatz auch so aussprechen: es gibt eine gebrochene lineare Funktion

3) $$Y = M + M \frac{x}{\alpha} + M \frac{x^2}{\alpha^2} + \dots = \frac{M \alpha}{\alpha - x}$$

von der Beschaffenheit, daß jeder Koeffizient ihrer (für $|x| < \alpha$ konvergenten) Entwicklung nach Potenzen von x absolut größer ist, als der entsprechende Koeffizient der vorgelegten Reihe (1). Eine solche Funktion nennt man eine *Majorante* der gegebenen Funktion.

Es sei nun eine Entwicklung der Form (1) gegeben, *in der das von* x *freie Glied fehlt und der Koeffizient der ersten Potenz von* x *gleich 1 ist.* Beides können wir immer erreichen, indem wir y an Stelle von $\frac{y - a_0}{a_1}$ schreiben. Ferner wird es für die weiteren Schlüsse bequem sein, wenn wir die Gleichung (1) so schreiben:

4) $$y = x - b_2 x^2 - b_3 x^3 - b_4 x^4 - b_5 x^5 - \dots .$$

Die rechts stehende Reihe möge für $|x| < r (> 0)$ konvergieren. Wenn wir nun schon wüßten, daß die Aufgabe der Umkehrung einer solchen Reihe, d. h. der Entwicklung von x in eine Potenzreihe nach y, lösbar ist, so könnten wir die Methode der unbestimmten Koeffizienten anwenden (§ 68): wir könnten versuchsweise x durch die Reihe darstellen:

5) $$x = y + c_2 y^2 + c_3 y^3 + c_4 y^4 + c_5 y^5 + \dots,$$

aus ihr auf Grund von § 54 ableiten:

6) $$\begin{cases} x^2 = y^2 + 2c_2 y^3 + (c_2^2 + 2c_3) y^4 + (2c_2 c_3 + 2c_4) y^5 + \dots \\ x^3 = y^3 + 3c_2 y^4 + (3c_2^2 + 3c_3) y^5 + \dots \\ x^4 = y^4 + 4c_2 y^5 + \dots \\ x^5 = y^5 + \dots \\ \dots\dots\dots\dots\dots\dots\dots\dots \end{cases}$$

diese Ausdrücke in (4) einsetzen und die Koeffizienten gleich hoher Potenzen von y beiderseits vergleichen; wir würden so das Gleichungssystem erhalten:

7) $$\begin{cases} 1 = 1 \\ c_2 = b_2 \\ c_3 = b_2 \cdot 2c_2 + b_3 \\ c_4 = b_2(c_2^2 + 2c_3) + b_3 \cdot 3c_2 + b_4 \\ c_5 = b_2(2c_2 c_3 + 2c_4) + b_3 (3c_2^2 + 3c_3) + b_4 \cdot 4c_2 + b_5 \\ \dots\dots\dots\dots\dots\dots\dots\dots \end{cases}$$

und könnten aus diesem System die Werte der unbekannten Koeffizienten c sukzessive berechnen. Aber wie schon in § 68 bemerkt, beweist dieses Verfahren die Entwickelbarkeit nicht, sondern setzt sie voraus; es sind dadurch nur zwei — allerdings an und für sich schon wichtige — Resultate bewiesen, nämlich:

II. *Wenn es überhaupt möglich ist, der Gleichung (4) durch eine Reihe für x zu genügen, die nach Potenzen von y mit positiven ganzzahligen Exponenten fortschreitet und kein von y freies Glied enthält, so ist es nur auf eine Weise möglich, nämlich durch diejenige Reihe, deren Koeffizienten sich aus (7) ergeben.*

Und darüber hinaus noch (mit Benutzung des Satzes VII von § 54):

III. *Die Reihe (6) löst die Aufgabe jedenfalls für alle y, für welche die Reihe*

8) $$|y| + |c_2 y^2| + |c_3 y^3| + |c_4 y^4| + \dots$$

konvergiert und einen Grenzwert $< r$ besitzt.

Es bleibt uns also nur noch die Untersuchung der Konvergenzfrage zu erledigen; und dazu verhilft uns der Hilfssatz I. Wir bestimmen nach diesem Satz die Größen $\alpha(\leqq r)$ und M so, daß für alle Werte $n = 2, 3, \ldots$ die Ungleichheit besteht:

$$|b_n| < \alpha^{-n} M,$$

setzen $B_n = \alpha^{-n} M$ und bilden die Reihe

9) $$Y = x - B_2 x^2 - B_3 x^3 - B_4 x^4 - \ldots.$$

Die Umkehrung dieser Reihe können wir auf Grund von früheren Sätzen erledigen. Denn es ist

10) $$Y = x - M \frac{x^2}{\alpha(\alpha - x)},$$

m. a. W. x ist Wurzel der quadratischen Gleichung:

11) $$(M + \alpha)x^2 - \alpha(\alpha + Y)x + \alpha^2 Y = 0.$$

Die Auflösung dieser Gleichung gibt zwei Werte für x:

$$x = -\frac{\alpha(\alpha + Y)}{2(M + \alpha)} \pm \frac{\alpha}{2(M + \alpha)} \sqrt{-4Y(M + \alpha) + (\alpha + Y)^2}$$

$$= -\frac{\alpha(\alpha + Y)}{2(M + \alpha)} \pm \frac{\alpha^2}{2(M + \alpha)} \sqrt{1 - 2Y\frac{2M + \alpha}{\alpha^2} + \frac{Y^2}{\alpha^2}}.$$

Die hier vorkommende Wurzelgröße, die wir für $Y = 0$ gleich $+1$ annehmen, kann in eine nach Potenzen von Y fortschreitende Reihe $\mathfrak{p}(Y)$ entwickelt werden, indem man zuerst nach Potenzen von $\frac{2Y(2M + \alpha) - Y^2}{\alpha^2}$ entwickelt und diese Potenzen dann wieder nach Potenzen von Y (§ 54). Die Reihe $\mathfrak{p}(Y)$ wird jedenfalls konvergieren, wenn

12) $$2|Y|(2M + \alpha) + |Y|^2 < \alpha^2,$$

d. h. wenn

12') $$|Y| < \left|\sqrt{(2M + \alpha)^2 + \alpha^2}\right| - (2M + \alpha).$$

Wir erhalten also auf diesem Wege *zwei* Entwicklungen von x nach Potenzen von Y; aber nur eine, nämlich nur diejenige, die entsteht, wenn wir die Quadratwurzel mit dem positiven Zeichen nehmen, kommt für uns in Betracht, da nur sie für $Y = 0$ den nach (9) zugehörigen Wert $x = 0$ liefert; für genügend kleine Werte von $|Y|$, etwa für

12a) $$|Y| < \delta(> 0),$$

liefert diese Reihe dann auch, selbst wenn man in ihr alle Koeffizienten durch ihre absoluten Beträge ersetzt, Summen, die dem Betrage nach $< \alpha \leqq r$ sind.

Andererseits müssen wir eben diese Entwicklung auch erhalten, wenn wir den Satz II auf die Reihe (9) anwenden. Wir erhalten dann zur Bestimmung des Koeffizienten C der Entwicklung

$$13)\qquad x = Y + C_2 Y^2 + C_3 Y^3 + \dots$$

das zu (7) ganz analoge Gleichungssystem

$$14)\qquad \begin{cases} C_2 = B_2\,, \\ C_3 = B_2 \cdot 2\,C_2 + B_3\,, \\ C_4 = B_2 \cdot (C_2^2 + 2\,C_3) + B_3 \cdot 3\,C_3 + B_4\,. \\ \dots\dots\dots\dots\dots \end{cases}$$

Da nun nach Voraussetzung $|b_n| < B_n$ ist, so folgt aus diesen Gleichungen der Reihe nach:

$$\begin{gathered} |c_2| = |b_2| < B_2 = C_2\,, \\ |c_3| = |b_2 \cdot 2\,c_2 + b_3| < B_2 \cdot 2\,C_2 + B_3 = C_3\,, \\ \dots\dots\dots\dots\dots \end{gathered}$$

allgemein (durch den Schluß von n auf $n + 1$):

$$15)\qquad |c_n| < C_n\,.$$

Daraus geht hervor, daß nicht nur die Reihe (5), sondern auch die Reihe $\sum_{n=0}^{\infty} |c_n y^n|$ mindestens für jedes y, das dem Betrage nach kleiner ist als die nach (12a) bestimmte Zahl δ, konvergiert und eine Summe besitzt, die absolut $< r$ ist. Damit ist Satz I bewiesen.

Auch in diesem Falle zeigen übrigens einfache Beispiele, daß die gefundene Bedingung für die Konvergenz nur eine hinreichende, keine notwendige ist.

Als Beispiel werde die Funktion

$$16)\qquad y = \frac{1}{2}(e^x - e^{-x})$$

behandelt. Lösen wir die Gleichung (16) nach x auf, so erhalten wir:

$$17)\quad y + \sqrt{1 + y^2} = e^x\,,\ -y + \sqrt{1 + y^2} = e^{-x}\,,\ x = \ln\left(y + \sqrt{1 + y^2}\right);$$

wir müssen also die Entwicklung § 68, (6) auch bekommen, wenn wir die Entwicklung

$$y = x + \frac{x^3}{3!} + \frac{x^5}{5!} + (x^7)$$

nach den eben abgeleiteten Vorschriften umkehren. Die Rechnung vereinfacht sich durch die Bemerkung, daß auch in der umgekehrten Reihe nur Potenzen mit ungeraden Exponenten auftreten können. Man erhält

$$\begin{aligned} x &= y + c_3 y^3 + c_5 y^5 + (y^7), \\ x^3 &= \quad y^3 + 3 c_3 y^5 + (y^7), \\ x^5 &= \quad y^5 + (y^7), \\ x^7 &= \quad (y^7), \end{aligned}$$

also:

$$0 = c_3 + \tfrac{1}{6},$$

$$0 = c_5 + \frac{3 c_3}{6} + \frac{1}{120},$$

woraus $c_3 = -\frac{1}{6}$, $c_5 = \frac{1}{12} - \frac{1}{120} = \frac{9}{120} = \frac{3}{40}$, übereinstimmend mit den § 68 (6) erhaltenen Werten.

§ 70. Die Ableitung einer Potenzreihe.

1) $$f(x) = a_0 + a_1 x + a_2 x^2 + a_3 x^3 + \ldots$$

sei eine Potenzreihe, die, wenn nicht für alle x, doch wenigstens innerhalb eines bestimmten Intervalls $(-c \ldots c)$ konvergiere; x_1 und $x_1 + h$ seien zwei Werte von x, so beschaffen, daß $|x_1|$ und $|x_1| + |h|$ beide dem Innern dieses Intervalls angehören. Dann wird auch die Reihe:

2) $$f(x_1 + h) = a_0 + a_1 (x_1 + h) + a_2 (x_1 + h)^2 + a_3 (x_1 + h)^3 + \ldots$$

konvergieren; und diese Konvergenz wird nicht gestört werden, wenn wir die Klammern auflösen und dann jedes einzelne Glied durch seinen absoluten Betrag ersetzen. Infolgedessen können wir auf Grund des Cauchyschen Doppelreihensatzes (§ 54) noch Potenzen von h umordnen und schreiben:

3) $$\left\{\begin{aligned} f(x_1 + h) = {} & a_0 + a_1 x_1 + a_2 x_1^2 + a_3 x_1^3 + a_4 x_1^4 + a_5 x_1^5 + \ldots \\ & + h(a_1 + 2 a_2 x_1 + 3 a_3 x_1^2 + 4 a_4 x_1^3 + 5 a_5 x_1^4 + \ldots \\ & + h^2\left(a_2 + \frac{3 \cdot 2}{1 \cdot 2} a_3 x_1 + \frac{4 \cdot 3}{1 \cdot 2} a_4 x_1^2 + \frac{5 \cdot 4}{1 \cdot 2} a_5 x_1^3 \ldots\right) \\ & + h^3\left(a_3 + \frac{4 \cdot 3 \cdot 2}{1 \cdot 2 \cdot 3} a_4 x_1 + \frac{5 \cdot 4 \cdot 3}{1 \cdot 2 \cdot 3} a_5 x_1^2 + \ldots\right) \\ & + h^4\left(a_4 + \frac{5 \cdot 4 \cdot 3 \cdot 2}{1 \cdot 2 \cdot 3 \cdot 4} a_5 x_1 + \ldots\right) \\ & + h^5(a_5 + \ldots) \end{aligned}\right.$$

Damit haben wir den Satz gewonnen:

I. *Wenn die Reihe* (1) *innerhalb eines Intervalls* $(-c \ldots c)$ *konvergiert, so konvergieren auch die aus ihr gebildeten Reihen:*

$$4)\quad \begin{cases} f'(x) = a_1 + 2a_2x + 3a_3x^2 + 4a_4x^3 + 5a_5x^4 + \dots \\ f''(x) = \quad 1\cdot 2a_2 + 2\cdot 3a_3x + 3\cdot 4a_4x^2 + 4\cdot 5a_5x^3 + \dots \\ f'''(x) = \quad 1\cdot 2\cdot 3a_3 + 2\cdot 3\cdot 4a_4x + 3\cdot 4\cdot 5a_5x^2 + \dots \\ f^{IV}(x) = \quad 1\cdot 2\cdot 3\cdot 4a_4 + 2\cdot 3\cdot 4\cdot 5a_5x + \dots \\ f^{V}(x) = \quad 1\cdot 2\cdot 3\cdot 4\cdot 5\cdot a_5 + \dots \\ \dots\dots\dots\dots\dots\dots\dots\dots \end{cases}$$

innerhalb desselben Intervalls; und die mit diesen gebildete Reihe:

$$5)\quad f(x+h) = f(x) + hf'(x) + \tfrac{1}{2}h^2f''(x) + \frac{1}{3!}h^3f'''(x) + \dots$$

konvergiert jedenfalls für alle diejenigen Werte von h, die absolut kleiner sind als $|c| - |x|$.

Die Reihen (4) heißen die aus (1) *abgeleiteten Reihen,* die durch sie dargestellten Funktionen kurz die *Ableitungen* von $f(x)$. Die erste von ihnen entsteht aus $f(x)$ dadurch, daß man jeden Exponenten um eine Einheit erniedrigt und den Koeffizienten jedes Gliedes mit dem ursprünglichen Exponenten multipliziert, jede der folgenden nach demselben Gesetze aus der unmittelbar vorhergehenden. Wenden wie die zweite Gleichung (5) von § 55 auf die nach Potenzen von h fortschreitende Reihe (5) an, so gewinnen wir die Gleichung:

$$6)\quad \lim_{h\to 0} \frac{f(x+h) - f(x)}{h} = f'(x),$$

also den Satz:

II. *Ist x_0 irgendein Wert im Innern des Konvergenzintervalls einer Potenzreihe $f(x)$, so existiert der Grenzwert:*

$$7)\quad \lim_{h\to 0} \frac{f(x_0+h) - f(x_0)}{h}$$

und ist gleich dem Wert, den die erste Ableitung $f'(x)$ von $f(x)$ für $x = x_0$ annimmt.

Ist $f'(x_0)$ von Null verschieden, beispielsweise positiv, so ist, falls die positive Zahl ε klein genug gewählt wurde, für alle $|h| < \varepsilon$ auch $\frac{f(x_0+h) - f(x_0)}{h}$ positiv, d. h. $f(x_0+h) - f(x_0)$ hat das Vorzeichen von h oder: „*$f(x)$ wächst an der Stelle x_0*“. Ebenso bedeutet ein negativer Wert von $f'(x_0)$, daß $f(x)$ an der Stelle x_0 abnimmt. Da $f'(x)$ als Potenzreihe eine stetige Funktion von x ist, gibt es ein ganzes Intervall $(x_0 - \delta,\ x_0 + \delta)$, in welchem $f'(x)$ positiv oder negativ ist, je nachdem $f'(x_0)$ positiv oder negativ ist (§ 51, IV, Zusatz). D. h. aber:

III. *Ist x_0 ein Wert im Innern des Konvergenzintervalls einer Potenzreihe $f(x)$ und ist $f'(x_0)$ von Null verschieden, so gibt es ein Intervall $(x_0 - \delta, x_0 + \delta)$, in welchem $f(x)$ monoton ist, und zwar nimmt $f(x)$ in diesem Intervall zu oder ab, je nachdem $f'(x_0)$ positiv oder negativ ist.*

In dem Quotienten (7) ist der Nenner die Differenz zweier Argumentwerte $x_0 + h$ und x_0, der Zähler die Differenz der zugehörigen Funktionswerte. Man nennt ihn deshalb einen *Differenzenquotienten der Funktion $f(x)$, seinen Grenzwert einen Differentialquotienten.* Dieser bildet den grundlegenden Begriff für die sog. *höhere Analysis.* Wir haben damit die dem vorliegenden Buch gesteckten Grenzen erreicht und schließen unsere Betrachtungen, deren Hauptzweck war, einen Überblick über die allgemeine Arithmetik und über die elementaren Funktionen zu geben und dadurch zugleich die für ein erfolgreiches Eindringen in analytische Geometrie, Differentialrechnung und Funktionentheorie notwendigen Vorkenntnisse der Schulmathematik zu vertiefen.

Register.

Metzger & Wittig, Leipzig.

MIX
Papier | Fördert gute Waldnutzung
FSC® C083411

Zeitfracht Medien GmbH
Ferdinand-Jühlke-Straße 7
99095 Erfurt, Deutschland
produktsicherheit@kolibri360.de